鸟类急诊诊断与治疗

［荷］罗布·范曾（Rob van Zon）　主编

唐国梁　吕新月　译

北方联合出版传媒（集团）股份有限公司

辽宁科学技术出版社

沈 阳

© 2025 辽宁科学技术出版社。

著作权合同登记号：第06-2024-196号。

图书在版编目（CIP）数据

鸟类急诊诊断与治疗 / (荷) 罗布·范曾 (Rob van Zon) 主编 ; 唐国梁, 吕新月译. -- 沈阳 : 辽宁科学技术出版社, 2025.8（2025.10重印）.-- ISBN 978-7-5591-4173-6

Ⅰ. S858.93

中国国家版本馆CIP数据核字第2025EX1154号

出版发行：辽宁科学技术出版社
　　　　　（地址：沈阳市和平区十一纬路25号　邮编：110003）
印　刷　者：沈阳丰泽彩色包装印刷有限公司
经　销　者：各地新华书店
幅面尺寸：185mm×260mm
印　　张：13
字　　数：250千字
出版时间：2025年8月第1版
印刷时间：2025年10月第2次印刷
出品人：陈　刚
责任编辑：朴海玉
封面设计：袁　舒
版式设计：袁　舒
责任校对：栗　勇

书　　　号：ISBN 978-7-5591-4173-6
定　　价：198.00元

投稿热线：024-23284372
邮购热线：024-23284502
http://www.lnkj.com.cn

鸟类急诊诊断与治疗

由于鸟类通常体形较小，身体特征独特，因此在生病或受伤时病情会迅速恶化。当出现临床症状时及时干预对获得最佳预后至关重要。这本简明实用的指南由鸟类专科医生Rob van Zon编写，将帮助兽医为鸟类提供急救和急诊护理，并指导鸟主人在无法到达医院时进行基本急救。

本书配有高清照片和解剖图，书中内容包括稳定患鸟体况和管理医院内许多特定急诊病例的说明，还包括为垂危的重症患鸟提供治疗指导，即识别和治疗低体温、缺氧、低血容量和低血糖。本书还列出了多种疾病和有毒植物中毒的危重症状，包括临床表现、急救药物种类及剂量介绍和包扎技术。最后，本书将给兽医与鸟主人提供家庭急救的指导建议。

目录

附录 127

致谢

特别感谢Ineke Westerhof医生（ECZM鸟类）、Zoe van der Plaats、Ellen Rasidi、Ann Bourke医生、Crissy Olson、Mandy Wong、Alvaro Guzman和Bianka Schink。

作者介绍

罗布·范曾（Rob van Zon）

从小就对鸟类感兴趣，开始就读于乌得勒支大学兽医专业，后来将自己的爱好变成了自己的工作。2005年毕业后，罗布在阿姆斯特丹和乌得勒支的宠物医院和荷兰的鸟类野生动物保护中心担任鸟类专科医生。除了在自己的诊所治疗数千只鸟之外，罗布还通过教授其他兽医、学生和鸟主人来间接帮助更多的鸟类。

译者序

　　作为临床医生，在日常的工作中我接诊了大量的各种患鸟。这里面不乏急重症病患。因为鸟类的代谢速度很快，疾病的发展也较临床常见的犬、猫更迅速，如果没有得到及时的救治往往预后不佳。在2016年我就在"鸟医日记"公众号中撰写过数篇关于鸟类常见急症急救的文章。但毕竟时间、精力有限，没有系统地整理关于所有鸟类急诊的内容。刚好在今年（2024年）我看到了Rob van Zon医师编写的《鸟类急诊诊断与治疗》，这本书的内容覆盖了全部的鸟类急症情况。同时针对每种情况也提出了如何在家中进行紧急处理的方法。

　　这本书不但对于经常接诊异宠的临床医生和完全没有异宠接诊经验的医生有很大的帮助，对于很多家中饲养宠物鸟的主人来说也是一本宝藏图书，有这本书在手也许关键时刻就能救鸟一命。

　　接到本书的译校任务后，译校团队利用业余时间3个月就完成了翻译和审稿工作，虽经过认真翻译及数次审校，但毕竟学识有限，难免某些地方的翻译未能精准表达英文的原意，望广大读者指出，以正谬误。

唐国梁

2024年10月于北京

前言

本书是为了帮助全科兽医处置鸟类急诊病患而写的。

鸟类是受欢迎的宠物，这是理所当然的。由于它们的高智商、独特的性格和美丽的外表，鸟类在我们的家中和户外鸟舍确实值得拥有一席之地。不幸的是，生活在人造环境中确实会给我们的鸟类同伴带来风险。对自然界生存有用的进化适应并不能保护我们的鸟类免受普通家庭中存在的危险。例如，鸟类在自然环境中不会遇到电线、过热的不粘锅、漂白剂或吊扇等。此外，自然界中的鸟类可以从同伴那里学习什么是安全的食物，互相警告危险，并在发生争斗时逃离其他鸟类。

由于鸟类通常体形较小，身体特征独特，在生病和受伤时病情会迅速恶化。因此，在出现临床症状时及时进行干预对于获得最佳预后至关重要。

大多数全科兽医主要接诊犬、猫，可能在鸟类医学方面经验不足。在过去的几十年里，科学和医学领域发展迅速，即使在人类医学（只治疗一种物种）中，临床专家也只在他们的专业领域执业。兽医学也是如此，兽医不可能对所有动物种类都有详细的了解。因此，鸟类的内科和外科已经发展成为一个独立的临床专业，许多经验丰富的鸟类专家可以提供兽医护理。不幸的是，对于一些鸟主人来说，这些鸟类专家可能太远了。此外，虽然可以在办公时间预约鸟类专家看诊，但在晚上、周末或节假日可能无法预约到。由于这些原因，生病或受伤的鸟主人可能会向全科兽医寻求初步治疗和护理，而这些兽医在鸟类医学方面的经验和知识可能较少。

本书的第一部分描述了疾病的急性临床表现，以及为什么出现这些表现的鸟类应该尽快就诊。

第二部分介绍了有关处理鸟类急诊病例，以及如何稳定患病鸟类的信息。

第三部分讨论了特定的急诊情况，其中包括对主人在家中的紧急处理建议和在急诊接诊中对兽医的建议。

本书还对某些情况下的检查和治疗提出了建议。可以采取其他方法，但不一定是错误的。具有鸟类医学或其他诊断选择经验的兽医通常有自己的方法，也可以取得积极的结果。

其中一些治疗建议未被批准在所有国家和地区使用，有些可能未被批准用于所有种类的鸟。

在进行任何治疗之前，接诊兽医有责任对每只患鸟进行风险评估。

第一部分：疾病的急性临床表现

1. 疾病的临床表现

与犬、猫不同，鸟类是进化过程中不适应与人类同居的动物。鸟类没有被驯化。在大多数情况下，我们的宠物鸟与它们的野生同类在基因上是相同的。因此，它们也表现出相同的先天行为和特征，其中之一是它们本能地试图掩盖疾病的迹象。在自然界中，这避免了吸引捕食者的注意。不幸的是，在圈养中，这种隐藏症状的本能行为可能会导致只有在疾病晚期，鸟主人才发现鸟的身体有问题。即使是严重的疾病，其症状最初也可能被掩盖而不被注意到。

鸟类患病的表现包括呼吸、皮肤、行为、食欲、粪便、羽毛、姿势、协调性、肿胀、恶心、眼睛、耳朵、鼻子、泄殖腔孔和体重的异常。任何变化都可能与之有关。一旦出现明显的疾病表现，就有充分的理由咨询鸟类兽医。在某些情况下，无论什么时间，立即检查和治疗都是必要的。在其他情况下，就诊时间可能会推迟24h或更长。如果鸟类出现下文所列的任何症状，建议尽快带它就医。

2. 需要立即就医的疾病表现

- 反复呕吐或反流
- 食欲突然下降或厌食
- 行为的改变
- 静坐不动乍毛
- 声音改变
- 呼吸加快和/或费力，呼吸声音异常（呼吸窘迫）
- 身体任何部位突然肿胀
- 较深的伤口或失血（只出了一滴血除外）
- 排泄物的量或外观的急性变化（除非饮食改变可解释）
- 口腔内分泌物（从"嘴"而不是从鼻子）
- 努责产蛋，或在泄殖腔可见蛋
- 翅膀、腿部或头部的位置改变
- 突然跛行
- 接触或摄入有毒物质
- 癫痫发作
- 昏厥
- 共济失调/失去协调
- 瘫痪
- 泄殖腔脱垂
- 眼睛异常或不愿睁开眼睛（一侧或双侧）
- 其他密切接触的鸟只死亡
- 尿量过多（多尿）
- 饮水量增加（多饮）
- 体重或体况的变化
- 鼻分泌物
- 眼分泌物

背景和说明

反复呕吐或反流

鸟类的呕吐通常是一种非常剧烈的动作，这一过程中胃/嗉囊的内容物被吐出。患鸟可能出现向周围环境甩出液体的情况，头部羽毛表现为潮湿或被呕吐物污染的状况。另一方面，反流是一种不那么剧烈的动作，这一过程中喉咙或嗉囊的食物似乎从喙上"溢出"，通常看上去不像呕吐那么严重。

呕吐可能是一种相对无害的疾病的症状，但也可能是急性、危及生命的疾病的症状，如中毒、摄入异物、胃肠道梗阻和肝肾衰竭。呕吐除了可能有严重的病因外，还可能产生严重的后果。失去太多的食物或水会很快导致饥饿或严重脱水。

注意：当一只鸟主动针对伴侣、主人、玩具、镜子或其他物体吐出摄入的食物（反流）时，这可能是"求偶行为"。在此情况下，不属于呕吐或危重情况。然而，在没有"求偶对象"的情况下反复反流可能表明潜在的感染或其他问题。

食欲突然下降或厌食

鸟类的体温很高，新陈代谢很快。食物摄入量的急剧减少会导致能量供应短缺和严重的代谢问题。此外，停止进食会导致危及生命的肠道出血（小型鸟持续24h不进食）。无论原因如何，吃得过少或完全停止进食都会很快危及生命。

行为的改变

行为的变化可能是疾病的非特异性表现。由于许多疾病，鸟类变得不那么活跃，甚至嗜睡。在其他情况下，例如某些毒素中毒，患鸟也可能变得过度活跃或表现得非常暴躁。如果鸟的行为突然发生明显变化，建议立即带它就诊。

静坐不动乍毛

静坐不动乍毛是疾病、疼痛或冷的非特异性症状。这一表现可能是由非常严重的疾病引起的，因此建议立即带鸟就诊。

声音改变

由于气管和/或发声器官（鸣管）出现非常严重的问题，声音可能会改变。一个臭名昭著的病因是真菌感染——曲霉病。由于气道完全堵塞导致的窒息有时可能是疾病的下一阶段，因此声音异常或无法鸣叫的患鸟应立刻就医。

呼吸加快和/或费力，呼吸声音异常（呼吸窘迫）

呼吸加快和/或费力，呼吸声音异常是呼吸窘迫或呼吸急促的症状。呼吸急促可能是由呼吸系统本身的疾病（例如肺部或气囊疾病）引起的，但也可能是由于心血管疾病、神经系统疾病、体腔/腹部积液或体腔/腹部占位性肿物，如蛋、增大的器官或肿瘤等引起的。呼吸窘迫可能导致缺氧，这可能会迅速导致患鸟发病，因此立即就医是明智的。

身体任何部位突然肿胀

四肢或头部快速出现的肿胀通常有严重的原因，例如严重的炎症、腿带收缩、骨折、脱位或血肿。通常需要迅速采取行动来预防严重的并发症。例如，在腿带收缩的情况下，应尽快移除腿带，以防止脚部坏死（死亡）。体腔、腹部肿胀通常伴有呼吸急促或呼吸窘迫。

较深的伤口或失血（只出了一滴血除外）

失血过多会迅速导致血压下降，引起休克甚至死亡。对于一只虎皮鹦鹉大小的小型鸟来说，出血5滴已经构成威胁。

排泄物的量或外观的急性变化（除非饮食改变可解释）

粪便量的显著减少可能表明食物摄入不足，这可能导致严重的代谢问题和肠壁自发性出血（通常危及生命）。

红色或黑色的粪便可能表明胃肠道出血。当出血发生在肠道后段、直肠或泄殖腔时，粪便中通常可见鲜红色的血液。胃肠道较前段的出血通常会导致黑色、柏油状的粪便。非常苍白的粪便可能表明消化问题，是严重胰腺疾病的症状，这可能是由感染或中毒所引起的。

腹泻可能有多种原因，并可能导致脱水、电解质和营养物质的丢失。

正常白色的尿酸晶体（尿酸盐）或清澈尿液的颜色改变通常与严重疾病有关。尿酸盐变为黄色或绿色可能表明肝脏受损。粉红色的尿酸盐可能预示着严重的肾脏损伤和某些中毒情况。

注意：如果粪便不再新鲜，由于与粪便中的色素混合，尿酸盐会变成浅绿色。

口腔内分泌物（从"嘴"而不是从鼻子）

从喙（从"嘴"而不是从鼻子）排出的分泌物可能有几个原因，包括危及生命的疾病或极度虚弱。

努责产蛋，或在泄殖腔可见蛋

努责可能是卡蛋（难产）的表现。卡蛋是指鸟类未能产下完全成形或部分成形的蛋的情况。在某些卡蛋的情况下，蛋实际已在泄殖腔中可见，但在大多数情况下并非如此。卡蛋会导致危险的并发症，如肾脏和神经损伤、泄殖腔脱垂、便秘、呼吸急促，以及食物和水摄入量减少。如果不能及时处理卡蛋，可能会导致患鸟死亡。

翅膀、腿部或头部的位置改变

这通常提示存在骨科问题（如骨折或脱臼）、疼痛、肿瘤或神经系统问题。就诊过晚可能导致危险的并发症或永久性损伤。

突然跛行

突然跛行通常是严重的骨科疾病（如骨折或脱臼）、脚环勒伤、中毒、疼痛、肿瘤或神经系统疾病所引起的症状。

接触或摄入有毒物质

当已知一只鸟接触过有毒物质时，例如铅、锌、有毒植物、巧克力、药物、牛油果和老鼠诱饵（杀鼠剂），必须尽快治疗，以防止中毒甚至死亡。例如，可以通过冲洗嗉囊、通便治疗、保护黏膜、液体治疗或用解毒剂进行预防性治疗来实现。越早治疗，预后越好。

癫痫发作

癫痫是一种导致反复发作的神经系统疾病。癫痫发作的特征是痉挛、休克和不受控制的抽搐，通常伴有意识丧失。虽然癫痫并不总是有致命的病因，但癫痫发作可能是危及生命的疾病的征兆。例如，中毒、心血管疾病、脑部疾病、肝肾衰竭以及钙或葡萄糖缺乏都会导致癫痫发作。通常，癫痫发作的根本原因也会对身体的其他部位造成损害。此外，长时间或反复的癫痫发作会导致患鸟过热甚至死亡。如果一只鸟以前没有被诊断出患有癫痫，也没有接受过癫痫治疗，那么在癫痫发作时建议尽快就医。

昏厥

昏厥通常有严重的病因，例如心力衰竭。因此，建议尽快就医。

共济失调/失去协调

失去协调（"醉酒步态"、滑倒、失足或从栖木上摔下）是由于神经系统功能下降造成的。发病原因包括中毒（如铅中毒）、脑外伤、脑感染、脑梗死（中风）或脑肿瘤。

瘫痪

腿部的轻瘫（无力）或瘫痪（功能丧失）可能与卡蛋或其他生殖疾病、创伤、中毒、肿瘤或肾脏疾病（肿胀的肾脏会压迫从脊髓到后腿的神经）有关。肉毒杆菌中毒是水禽瘫痪的一个主要原因。在许多情况下，快速的医疗干预将带来更好的康复机会，并减少永久性损伤的可能性。

泄殖腔脱垂

泄殖腔脱垂时，泄殖腔内部和/或远端肠道和/或生殖道的一部分会从泄殖腔口处脱出。无论何种原因，脱垂都会迅速导致潜在的、危及生命的并发症。黏膜会脱水、肿胀、受损或感染，也可能出现看不见的内伤。这种情况可能会迅速导致危及生命的情况或造成不可逆转的损伤。

眼睛异常或不愿睁开眼睛（一侧或双侧）

如果出现非常严重的全身性不适或虚弱，或者眼睛或眼睑异常，眼睛可能会异常或闭合。疾病包括感染、肿瘤、眼球损伤、眼睑下有异物、过敏反应或昆虫蜇伤等。在后一种情况下，可能会迅速出现并发症。最严重的情况可能导致永久性眼损伤和失明。

其他密切接触的鸟只死亡

其他鸟的死亡表明它们可能患了严重的传染病或接触了有毒物质。

尿量过多（多尿）

鸟类的排泄物由粪便、尿酸盐（尿酸晶体）和水样的尿液组成。在应激时、洗澡后和吃水果等富含水分的食物后，产生更多尿液是正常的。多尿的病理性原因包括肾脏或肝脏疾病、中毒、糖尿病或其他内分泌/激素疾病以及精神性多饮。当通过尿液增加的液体损失不能通过增加的水分摄入（多饮）来补偿时，可能会出现脱水。

饮水量增加（多饮）

饮水量增加（喝水多）的原因包括肾脏或肝脏疾病、中毒、糖尿病或其他内分泌/激素疾病，以及精神性多饮等。饮水量增加通常伴随着排泄物中清澈、水样尿液（多尿）的增加。

体重或体况的变化

一只健康的鸟应保持相对稳定的体重和体况。鸟类的体况是通过胸肌（鸡的"胸肉"）的量来评估的。体重减轻可能是由于食欲下降、消化不良、营养物质流失、能量需求增加或脱水。体重减轻是多种疾病的非特异性表现。

注意：在某些病理条件下，体重可能保持不变甚至增加。例如，游离液体在体腔内积聚的疾病，或有囊肿或肿瘤在体内生长。在这些情况下，尽管体重保持不变或可能增加，但体况会下降，导致肌肉量减少。最好通过检查胸肌的量或体积来评估。呈"锐角"的胸部表明身体状况不佳，通常是疾病的征兆。

鼻分泌物

鼻腔分泌物是从鼻孔流出的液体。液体可以是水样、血性、黏液状或脓状。有时，分泌物可能不明显，唯一的症状就是鼻孔周围的羽毛变色。当鼻子或鼻窦出现异常时，可能会出现鼻分泌物。

眼分泌物

正常睁开的眼睛可能会出现眼部分泌物，例如，泪管堵塞或结膜炎。

第二部分：动物医院就诊的鸟类急诊病例

3. 观察、体格检查及诊断检查

彻底的外部体格检查在治疗鸟类时与治疗哺乳动物时一样重要。

远距离观察

在保定患鸟之前，首先从远处观察患鸟并检查笼子，这很重要。

在笼子里，可以发现有用的信息，如排泄物的外观、呕吐的证据（**图3.1**）、提供的食物类型或潜在的危险材料。

应该花一些时间从远处观察患鸟（避免像捕食者一样直盯着鸟）。必须记住，大多数鸟类会试图掩盖疾病的症状，不会立即表现出异常。

图3.1 虎皮鹦鹉头顶上的羽毛脏污及粘在笼子上的种子表明患鸟发生过呕吐。

评估患鸟的以下项目：

- 精神状态：精神沉郁，闭着眼睛坐着，坐在地面上而不是栖木上。
- 姿势及位置：头部（头部倾斜、角弓反张）、四肢位置、共济失调、轻瘫、瘫痪、癫痫发作、痉挛、震颤、不自主运动或抽搐。
- 呼吸频率：呼吸音和呼吸窘迫的表现（尾巴摆动，张嘴呼吸）。

注意：严重呼吸窘迫、虚弱或休克的患鸟在接受应激性检查前应先稳定病情。参见第10章第29页。

保定

为了给患鸟进行检查和治疗，有必要进行保定。保定时，重要的是要保定确实（以避免对患鸟和工作人员造成伤害），但要通过尽可能少地对鸟类身体施加压力来最大限度地减少应激并避免限制呼吸。应关闭门窗，然后将鸟从笼子/运输箱中取出。同样重要的是，要遮盖或遮住窗户，以避免逃脱的患鸟发生猛烈碰撞。

对于危重、虚弱或呼吸窘迫的患病鸟类，保定并非完全没有风险。有关保定不同鸟类的技术，请参见附录1第128页。

体格检查

体重

温驯的鸟可以直接站在秤上称体重（**图3.2**），也可以站在栖木上称体重（**图3.3**）。那些容易飞走的鸟最好将其安置在容器内称重。

眼睛

检查是否有分泌物、损伤、结膜肿胀、异物、眼球震颤（兴奋引起的正常眼球盯着检查者或眼球移动不应被误认为是非自主性眼球震颤）、角膜透明度、前房中房水的颜色和透明度、虹膜的颜色和对称性，以及晶状体混浊等。检查上眼睑的皮肤是否肿胀。

鼻孔

检查有无分泌物、不对称和阻塞。不应将鼻盖（许多物种鼻孔中的正常结构）误认为异物或结构异常。当对一侧鼻孔的正常解剖有疑问时，可以用另一侧鼻孔作对比。

图3.2 站在秤上的非洲灰鹦鹉。

图3.3 站在秤上的栖木上更容易被接受（对长尾巴的温驯鸟类来说更实用）。

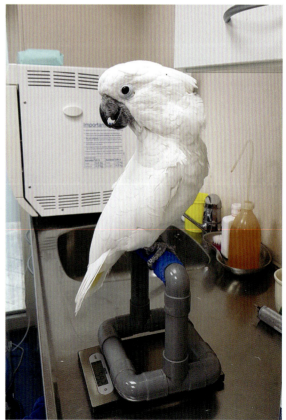

喙部

检查是否有损伤、过度生长、畸形、不对称、异常磨损、黑斑和角质的软硬度。

口腔

检查是否有黏膜变色、病变、肿胀、溃疡或斑块、分泌物/黏液和异物。

耳

检查皮肤是否有分泌物、发红和肿胀。

嗉囊

检查是否充盈/膨胀、内容物的一致性、异物、嗉囊壁是否肿胀和嗉囊上的皮肤是否有变色。

廓羽

检查是否有变色、损坏、羽毛损失、异常换羽、寄生虫和恶斑/横向斑痕。

皮肤

检查是否有损伤、溃疡、体外寄生虫、肿物、发红和脱皮等。

龙骨、胸肌发育和体况评分（BCS）

检查胸肌的发育和皮下脂肪的量，以确定体况评分（BCS）。

肌肉的发育，以及龙骨（隆突）的突出，给出了患鸟营养状况的提示。

注意：正常的解剖结构和肌肉发育因物种和品种而异。例如，不会飞的鸟的胸肌不如会飞的鸟的发达。针对鸡来说，产蛋品种的胸肌不如肉用品种发达。

对于大多数能飞行的鸟来说，肌肉应该是圆形的，龙骨应该很容易触摸到，弄湿皮肤后应该可以看到龙骨。肌肉不应突出龙骨的边缘，龙骨/肌肉和皮肤之间不应存在脂肪层（柔软的黄色组织）。

BCS是基于肌肉发育及颈部、胸部和骨盆区域的皮下脂肪量的评估。

在急诊情况下，BCS非常有助于区分急性和慢性疾病。BCS低的鸟类比BCS高的鸟类患慢性疾病的概率更高。当然，并发症也可能存在，所以低BCS并不能排除急性疾病的可能。

听诊

在胸廓入口处和胸部腹侧两旁的胸肌上方听诊心脏，检查杂音、心率和心律。在身体外侧壁和背侧壁进行下呼吸道听诊。检查是否有异常呼吸音。

注意：听诊正常并不能排除呼吸道或心血管疾病。

腹部触诊

体腔/腹部在胸骨尾侧边缘至泄殖腔之间进行触诊，检查有无膨胀和肿物。在健康的鸟类中，唯一可以触摸到的坚实器官是肌胃。蛋的存在可能是正常繁殖或卡蛋的表现。

泄殖腔

检查受伤、脱垂、麻痹、肿胀、肿物、蛋、泄殖腔和周围羽毛的污染情况。在家禽中，可以用轻柔的泄殖腔触诊来检查体腔尾侧。

腿

检查是否有不对称、肿胀和肿物。检查腿部皮肤，尤其是双爪的爪底侧是否有损伤、磨损、充血或溃疡等。检查腿和爪的所有关节的活动范围，是否存在肿胀、捻发音及疼痛的情况。检查所有骨骼是否有捻发音、异常活动、疼痛和畸形。检查趾甲的损伤和长度。检查可能存在的脚环，以便确认鸟的年龄，并确保脚环不是太紧。检查爪背侧皮肤的肿胀情况。

尾巴

检查是否存在变色、损坏、羽毛缺失、异常换羽、寄生虫和恶斑。

尾脂腺

检查乳头和覆盖的皮肤是否肿胀、发红或溃疡。检查尾脂腺两叶是否对称、肿胀或有疼痛感。当尾脂腺肿胀时，可以在其上施加温和的压力，尝试挤出一些油性排泄物，以检查管道是否堵塞。有些鸟类没有尾脂腺，例如亚马逊鹦鹉和一些金刚鹦鹉、斑鸠和鸽子。

翅膀

检查是否有不对称、肿胀和肿物。检查皮肤有无损伤和溃疡。检查所有关节的活动范围，是否有肿胀、捻发音和疼痛。检查所有骨骼是否有捻发音、异常活动、疼痛及畸形。检查翅膀的羽毛是否变色、损坏、缺失、异常换羽，是否有寄生虫和恶斑。检查贵要静脉的充盈和再充盈时间（参见第21页的"液体治疗"）。

背部

检查皮肤是否有损伤、肿胀和肿物。检查脊椎有无畸形。检查廓羽是否变色、损坏、羽毛缺失、异常换羽，是否有寄生虫和恶斑。

保定姿势后，重新评估精神状态和呼吸。健康的鸟儿应在2min内从保定的应激中完全恢复。

然而，如果只是通过简单的触诊和听诊，不可能作出诊断或排除内部异常。通常需要进行更多的检查和诊断。

排泄物检查

鸟类排泄物通常由粪便、尿酸晶体（尿酸盐）和水样尿液组成。第一步是肉眼检查粪便：确定粪便的数量、颜色和质地，是否有寄生虫或血，水样尿液的数量和尿酸盐的颜色。第二步是粪便样本的显微镜检查。检查湿抹片和染色涂片是否存在血液、炎性细胞、寄生虫、酵母菌和细菌（见附录10，第177页）。

X线检查

X线检查是鸟类诊断学的重要组成部分。

X线、超声和计算机层析成像（CT）在鸟类临床中常用于诊断疾病，它们都有自己的优点和缺点。

超声

超声可用于检查鸟类的肝脏、心脏、肾脏、生殖系统等体腔中的软组织，也可用于诊断体腔积液或卡蛋。

超声在鸟类应用的缺点是鸟类体形小、呼吸频率高以及气囊的存在会限制影像质量和诊断价值。另一个缺点是探头施加的压力可能会加重先前存在的呼吸窘迫。

X线

X线是鸟类最广泛使用的影像学方法。X线用于将骨骼、气囊、内脏和其他软组织可视化，并用于确定体腔积液和不透射线的结构（例如金属颗粒、钙化的蛋壳、泄殖腔和钙化组织）的存在。X线的缺点包括组织的重叠，为获得最佳的患鸟摆位及患鸟和工作人员在拍摄鸟类X线时的安全性时所需要进行麻醉/镇静（见附录3，第144页）。

计算机层析成像（CT）

CT解决了组织重叠的问题，在显示骨骼、鼻窦和下呼吸道方面优于X线。CT还用于检查身体的软组织。CT的缺点包括成本高、必须麻醉患鸟和相对较低的软组织分辨率，特别是在小体形物种。

内镜

在鸟类临床中，使用硬性内镜进行内镜检查是一种实用技术，可用于观察气管和鸣管、气囊和腹部器官（进入气囊的部位和技术与气囊插管的放置相同，见附录6，第165页）、泄殖腔和食道、嗉囊和胃。内镜检查有助于从近端胃肠道或气管中取出异物。

血检

在健康的鸟中，采血量可高达体重的1%。在脱水/血容量不足的鸟类，大多数情况下可以安全地采集高达体重0.5%的血液。采血与输液技术见附录2，第135页。

注意：在非常小的物种或重病的患鸟，采血有时太危险，特别是由缺乏鸟类采血培训的兽医操作。失血过多、血肿形成、保定时间过长或过度应激可能导致体形较小或不稳定的患鸟死亡。在某些情况下，最好不要在急诊期间采血。

血液学

血液学检查包括全血细胞计数（CBC）和染色涂片的显微镜检查。这些检查有助于诊断贫血、红细胞增多症和感染，并检测是否存在血液寄生虫。

血生化

血生化检查用于测量血液中某些化学物质的含量，包括酶、电解质、葡萄糖、蛋白质、脂肪和矿物质。鸟类的综合血生化检查包括AST、GLDH、CK、BA、UA、BUN、TP、Alb、Glob、Ca、Glu和K，所有这些均在以下章节中描述。

天冬氨酸氨基转移酶（AST）

AST不是器官特异性酶，AST升高可能是肝脏细胞或肌肉细胞受损的结果。

谷氨酸脱氢酶（GLDH）

GLDH是检测肝细胞损伤的特异性酶，这意味着GLDH水平升高特异性提示肝脏疾病。GLDH增加是肝细胞严重损伤/坏死的结果。不幸的是，GLDH测试的敏感性不是很高，这意味着正常水平的GLDH不能排除肝细胞损伤。

肌酸激酶（CK）

CK增加表明肌肉细胞受损。例如，这可能是由癫痫发作、保定、创伤、应激或肌肉注射等引起的。

胆汁酸（BA）

BA升高表明肝功能下降。BA正常，不排除肝脏疾病。在缺乏胆囊的鸟类中，例如鸽子和鹦鹉（凤头鹦鹉除外），BA在禁食12h后测量最为准确。

注意：对于已经处于分解代谢状态的小型物种或鸟类，不建议禁食。

仅根据AST无法区分肝脏损伤和肌肉损伤。因此，也应测量CK。AST升高而CK不升高表明肝细胞损伤（CK的半衰期较短，陈旧性的肌肉细胞损伤也可能导致这种组合出现）。AST与CK同时升高提示肌细胞损伤，但不排除同时发生肝细胞损伤的可能。

GLDH↑和/或 BA↑：肝脏疾病

AST↑，CK+：很可能是肝脏疾病

AST↑，CK↑：肌肉损伤，不能排除肝脏疾病

尿酸（UA）

非肉食性物种或禁食（24h）的肉食性物种的UA增加，表明肾功能衰竭。

血尿素氮（BUN）

尿素氮增加表明有严重脱水的可能。尿素氮不是鸟类肾衰竭的敏感标志物，这意味着正常或低尿素氮不能排除肾衰竭。

为了区分由脱水引起的急性肾功能衰竭和其他原因引起的肾功能衰竭，除了尿酸之外，还可以测量BUN、PCV、TP和Alb。BUN、PCV、TP和Alb升高提示有脱水。少尿（低尿量）在这种情况下很常见。PCV和TP降低或正常，提示有其他原因导致肾衰竭。脱水和肾衰竭的其他原因可以单独存在或同时存在。

总蛋白（TP）

TP由白蛋白和球蛋白组成。对于异常TP水平的解读，区分这两种类型的血液蛋白是必不可少的。

白蛋白

肝脏疾病、肾脏疾病、肠道疾病、慢性感染和营养不良/饥饿可能导致白蛋白减少。
白蛋白升高表明脱水和/或雌性动物处于生殖活动期。

球蛋白

球蛋白增加表明有炎症/感染。

钙

总血钙包括与蛋白质结合的钙、与矿物质结合的钙和离子钙。

注意：在大多数情况下，异常的总钙不是由钙稳态问题引起的。例如，低白蛋白血症可导致总钙减少，脱水或雌性生殖活动可导致总钙增加。

只有游离和活性的钙离子部分参与钙稳态。离子钙降低表明有临床意义的低钙血症。离子钙增加表明临床相关的高钙血症，例如，维生素D中毒、钙补充过量和肿瘤形成。

葡萄糖

葡萄糖升高可能是由应激或糖尿病引起的。葡萄糖降低可由例如厌食/饥饿、慢性疾病和败血症引起。

钾（K）

钾升高可由肾脏疾病或酸中毒引起。钾的减少可能是由于钾的过度流失（腹泻、呕吐和多尿）、吸收不足或水肿。
部分种属的临床参考范围见附录16，第190页。

4. 患鸟的体况稳定

鸟类是具有高代谢率、高体温和与其体重相比体表面积相对较大的动物，这导致热量易于损失。此外，大多数鸟类是被捕食动物，它们会尽可能长时间地隐藏疾病症状。因此，兽医接诊的患鸟通常已经失代偿。大多数明显生病的鸟类至少有5%～10%脱水。脱水（可导致血容量不足和急性肾衰竭）、体温过低、低血糖和缺氧往往会危及生命。

由于这些因素，患病的鸟类通常迫切需要保温、液体、营养和氧气。在许多情况下，作为急诊病患的鸟只能通过满足这些需求来稳定体况。

这表明，在不明原因的疾病中，通常可以通过提供保温、液体、营养和氧气来获得足够的时间，以便患鸟可以安全地进行更彻底的检查或稍后转诊给鸟类专科兽医。

5. 保温

环境温度必须通过外部热源（如加热保温箱、加热灯或加热垫）升高至适当水平。最佳温度因鸟的品种、年龄和健康状况而异。

患鸟环境温度指南

- 成年鸟（水禽、肉鸡和来自较冷气候地区的鸟除外）：25～28℃。
- 幼鸟和无毛的成年鸟：30～32℃。
- 脑外伤鸟、水禽、肉鸡和来自较冷气候地区的鸟：室温。

注意：特别是鹦鹉，要确保患鸟不能咬电源线或加热垫。始终确保患鸟无法接触到外部热源或被外部热源烫伤。

6. 液体治疗

液体治疗适用于复苏、补液和维持。复苏是在（低血容量）休克的鸟类中进行的，补液针对脱水的鸟类，维持与每只患鸟都有关。

用于液体治疗的液体

晶体液由水和电解质组成。当通过静脉或骨内输液用作血浆容量扩张剂时，与胶体液相比，需要更大的体积，因为输液的约70%的体积将离开血管并进入组织空间。晶体液可用于口服、皮下、静脉和骨内输液。

胶体液由水、电解质和膨胀压活性的大分子组成。大分子停留在血管内空间，从而防止水分进入组织。胶体液被用作血浆扩容剂，与晶体液相比，胶体液的体积更小，血浆扩容效果相同。胶体液仅可用于静脉或骨内输液。使用胶体液的禁忌证包括心力衰竭和肾衰竭。

复苏

低血容量性休克的患鸟应尽快通过扩充血管容量使其循环恢复正常。建议使用静脉或骨内输液。可以使用胶体液和/或晶体液。

液体复苏方案

高渗盐水（7.5%）3mL/kg +羟乙基淀粉3mL/kg，静脉或骨内输液10min输完，然后推注晶体（例如乳酸林格氏溶液）10mL/kg，10min输完。反复推注晶体液，直到休克的临床症状消失。

也可采用大剂量晶体液（例如，乳酸林格氏溶液）10～20mL/kg，在2～10min输完。重复10mL/kg的推注，直至休克的临床症状消失。

恢复水合及维持

许多患鸟在急诊时已经脱水。在轻度脱水时，一般检查通常没有明显的异常。严重脱水的临床症状包括眼睛深陷、皮肤起皱、上眼睑和足背侧皮肤弹性减少、口腔中黏液黏稠、贵要静脉（手肘附近翅膀腹侧的静脉）再充盈时间延迟和体重减轻。

贵要静脉的再充盈时间（**图6.1**）是通过用手指按压贵要静脉以将血液推出，然后观察在抬起手指后血管再充盈的速度来确定的。当血液回流的过程明显可见（表示缓慢），而不是几乎立即回流时，通常提示严重脱水。确保在此测试期间翅膀保持在自然的位置，且不要在身体上方提拉太远，因为这可能导致灌注减少。

图6.1 贵要静脉（箭头）位于翅腹侧，靠近肘部（圆圈）。

血检显示红细胞压积（PCV）增加、总蛋白增加和白蛋白增加，表明脱水。应注意的是，其他因素也可能影响这些指标，例如，贫血的患鸟脱水可能表现为正常的PCV。

不幸的是，鸟类的脱水程度通常无法精确测定，因此，精确计算校正脱水所需的液体量通常是不可能的。

大多数鸟类的液体需求量包括维持需求量［50～100mL/（kg·24h）］和纠正目前脱水和额外损失（多尿、腹泻和/或呕吐）所需的量。

液体疗法（THUMB原则）

大多数患鸟的液体需求量（维持和纠正脱水）通常可以估计为最初的3d中每24h给予体重的10%的量。

除了可以接受连续输液的患鸟外，该剂量通常每天分为2~4次给予。液体治疗可以是口服和/或肠外治疗。对接受流食的患鸟，例如通过饲管饲喂奶粉时，奶粉中的水量可能很大且要计算在内。

例如：一只体重为100g的患鸟在第一天需要10mL的液体。当每天分3次给液时，则每次3.3mL。

存在严重虚弱、呕吐或可能有嗉囊排空迟缓的患鸟，最初不选择口服液体治疗。在这种情况下，需要进行肠外液体治疗。

口服液体治疗

对于轻度脱水且胃肠道功能正常的患鸟来说，口服补液通常是一种有效的治疗方法。对于患鸟来说，口服补液可能比肠外液体治疗（输液）更容易。

不幸的是，当胃肠道功能下降时，口服补液无效。例如，嗉囊排空迟缓（见嗉囊停滞，第74页）或呕吐/反流（见呕吐，第69页）。口服补液在这些情况下没有积极的作用。在某些情况下，口服补液具有较高的吸入风险（例如，严重虚弱或癫痫发作的患鸟）。

尽管针对一些患鸟可以用注射器将液体逐滴地滴到喙内，但是通过以下方式口服补液是最有效的：借助饲管将液体直接注入嗉囊（见附录5，第160页）。

每100g体重，通常可将2~5mL的液体（体重的2%~5%）慢慢注入嗉囊。第一次饲喂时按下限，随后逐渐增加量。重要的是，液体的温度在38~40℃（略低于体温）。这是为了防止反流、体温过低或烫伤嗉囊。为避免反流和误吸，必须注意在注入液体期间和之后不要对嗉囊施加任何外力。

肠外液体治疗

如果需要液体治疗，但不适合或不能口服补液时，可通过输液治疗，见附录2。静脉（**图6.2**）或骨内输液（团注或连续输液）具有最直接的效果，但技术上比皮下输液困难。对虚弱的患鸟，由无经验的人员放置静脉或骨内留置针所需较长的操作时间，可能会增加休克的风险。在大多数情况下，由经验不足的兽医在急诊接诊期间通过皮下注射给予

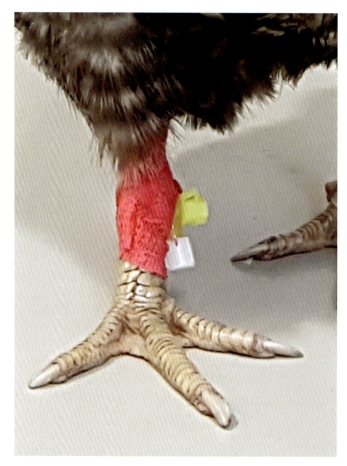

图6.2 静脉留置针安置于鸡的跖内侧静脉。

液体是最负责任的选择。然而，对于休克的患鸟，皮下输液可能无法充分吸收，因此仍然建议静脉或骨内输液。

特别是在鹦鹉中，由于物种行为和解剖学原因，维持静脉留置针功能持续正常通常是一个挑战。静脉很容易受到损伤，无法充分固定翅膀，有些鸟非常擅长破坏输液系统（尽管大多数嗜睡的鸟不会这样做，并接受这一状况）。因此，在急诊接诊期间，通常通过静脉留置针或皮下注射针给予团注，而不是借助输液泵连续输液。

作为团注，通常可以在2~10min内给予10~20mL/kg。对于连续输液，3~10mL/（kg·h）的速率通常是合适的。

在小型鸟或血压严重降低的患鸟，可能无法进行静脉输液。在这些情况下，可以将针或留置针放置在骨髓腔中，用于骨内输液。然而，并非所有的骨骼都适合骨内输液。许多空心骨，如上臂骨（肱骨）和大腿骨（股骨），与气囊直接相连，将液体注入这些骨的髓质可能导致患鸟溺水。在大多数物种中，在近端胫骨（胫骨）和远端尺骨进行骨内输液是安全的。可以给予的液体量和输注速率与静脉输液相当。

7. 营养支持

进食不够的患鸟有很大的风险出现营养和代谢问题甚至死亡。许多鸟患病后变得厌食。因此，在治疗的早期阶段（通常立即）开始辅助喂食或强饲。最快、通常也是最安全的方法是通过嗉囊插管提供营养（见附录5，第160页）。管饲患鸟的另一个优点是，市售鹦鹉奶粉通常具有比许多宠物鸟的日常饮食更好的营养，使得患鸟除了能量和液体之外还获得其他必需营养素。

用于管饲的食物类型取决于物种及其自然饮食。草食动物（包括食谷物的鹦鹉）和杂食动物可以用鹦鹉奶粉或恢复期饮食饲喂。肉食动物可以用市售的犬、猫的液体食物或由肉泥（人类食物）与生理盐水混合制成的肉浆饲喂。

注意：对厌食的猛禽，首先提供口服补液，以便评估胃肠道是否有正常的运动。嗉囊停滞（见第74页）时给予肉，但其并未通过胃，可迅速导致潜在的致命酸嗉囊（微生物在嗉囊过度生长）。当液体正常通过时，可以饲喂越来越稠的肉泥。

管饲量

无呕吐和食欲不振的成年患鸟，在大多数情况下，首次可以安全地给予20mL/kg。如果该体积不会引起反流、呕吐或嗉囊停滞等问题，则第二次给予的量可以增加到30mL/kg。如果这不会引起任何问题，如有必要，下次饲喂量可逐渐增加至40mL/kg。

在鸟类中，如果嗉囊本身存在异常，则饲喂量应减半。这意味着必须更频繁地给予更小的体积以提供足够的营养。一旦嗉囊是空的，就可以再次饲喂。

饲喂的食物量应足以确保健康鸟的体重不减轻，并逐渐增加消瘦患鸟的体重。因此，测量体重（至少每天早餐前）非常重要。

成长中的幼鸟（小体形鸟长达几周，大体形鸟长达几个月）的嗉囊相对较大。因此，饲喂量可以更多，高达体重的10%。在家中用注射器饲喂的幼鸟，如果没有恶心或嗉囊停滞，可以维持通常的饲喂方案（见第74页）。如果幼鸟习惯于用注射器或勺子吃配方奶粉，最初可以在医院以同样的方式喂食。如果以原有方式喂食而食物摄入量太少，则建议管饲。对于非常年幼的雏鸟，应该在嗉囊排空后立即喂食。

8. 吸氧

出现发绀、呼吸急促或呼吸窘迫（张嘴呼吸、呼吸费力、异常呼吸音/喘鸣）的患鸟需要额外吸氧。

鸟类的呼吸窘迫通常有呼吸道外的原因，如占位性病变（例如，蛋或增大的器官）或体腔中的游离液体，导致气囊受压迫。应尽量减少对这些患鸟的保定，并尽可能减少对身体的压力，以避免更严重的呼吸窘迫，甚至死亡。对因心血管或呼吸道疾病而呼吸困难的患鸟（例如，肺、气囊或气管疾病），应激和保定也应尽量避免，因为应激会导致严重的呼吸窘迫。

呼吸窘迫的患鸟应安置在氧气笼里。就诊时严重呼吸急促的鸟类应该首先以这种方式稳定下来，然后再进行体检。

9. 疼痛管理与麻醉

疼痛管理

许多急诊情况和其他疾病会导致疼痛。虽然鸟类不会表现出与人类、犬、猫相同的疼痛症状，但它们确实以相同的方式体验疼痛。除了疼痛会对健康产生不利影响外，它还有许多负面的身体影响，包括厌食、不活动和伤口愈合减慢等。只要有可能，就应该给予止痛，甚至预防疼痛。

在鸟类中，几类镇痛药可单独或联合使用，用于疼痛管理。

非甾体类抗炎药物（NSAID）

NSAID可缓解疼痛并抑制炎症反应。

非甾体抗炎药可能的不良反应包括对肾脏系统、胃肠道系统和凝血功能的影响。禁忌证包括急性肾衰竭和胃肠道溃疡（其症状可能包括黑便、粪便中有鲜血及呕吐）。

美洛昔康是在鸟类临床中使用最广泛的NSAID。

阿片类

阿片类药物通过与神经系统中的阿片受体相互作用来缓解疼痛。不同种类鸟类的阿片受体的种类和分布也存在差异。阿片类药物可能的副作用包括心脏和呼吸抑制、胃肠蠕动减慢和恶心等。

布托啡诺是一种短效（1～3h）的阿片类药物，具有镇痛和轻度镇静的作用。布托啡诺可以IV、IM和IN（鼻内）给药。由于作用持续时间短，布托啡诺可用作短期疼痛和手术（如手术）的止痛药。

曲马多的作用时间比布托啡诺长。曲马多可以在对非甾体抗炎药无效的较长时间的中度到重度疼痛情况下给予口服。

局部麻醉

局麻药引起无意识的局部镇痛，主要用于鸟类手术中的止痛。

利多卡因（不含肾上腺素的剂型）最常用于鸟类的局部浸润。

加巴喷丁

加巴喷丁是一种抗惊厥药物，也可以缓解神经性疼痛。

镇静/麻醉

在鸟类临床中，镇静和全身麻醉用于会引起应激或需要保定的操作，以最大限度地保护患鸟、保定人员或临床医生的安全。在急诊情况下，镇静或全麻可用于例如拍摄X线片、样本采集、包扎、液体治疗和外科手术。

像其他物种一样，鸟类的麻醉是复杂的。本章将只讨论几种药物。其他药物也可用于鸟类手术，但不良反应甚至死亡的风险更大，尤其是由缺乏鸟类麻醉经验的麻醉师使用时。

咪达唑仑

咪达唑仑是一种苯二氮䓬类药物，用于镇静、肌肉松弛和减轻焦虑。它也是一种抗癫痫药物。咪达唑仑可以IV、IM、IO和IN给药。咪达唑仑没有止痛作用。

异氟烷/七氟烷

异氟烷和七氟烷是挥发性麻醉药。这两种药物均引起意识丧失，用于全身麻醉的诱导和维持。

异氟烷是鸟类临床中最广泛使用的挥发性麻醉药物。在3%～5%的浓度下，诱导通常在数分钟内完成。最常见的诱导方法是用面罩覆盖喙和鼻孔（最好不要覆盖眼睛，以防止刺激）。对于维持麻醉，2%的浓度是有效的。

注意：疼痛性手术不得使用异氟烷或七氟烷作为唯一的麻醉药物！应给予止痛药物，以提供充分的疼痛缓解。

10. 严重呼吸窘迫、虚弱和休克时稳定患鸟的快速指南

由于鸟类通常体形较小且有独特的身体特征，在生病或受伤时病情会迅速恶化。再加上它们隐藏症状的本能行为，这经常导致鸟类在严重虚弱甚至垂死的情况下才到达动物医院。这些非常危重的患鸟经常遭受由基础疾病或损伤引起的危及生命的体温过低、血容量不足、缺氧和/或低血糖。通过尽快控制体温过低、血容量不足、缺氧和低血糖来稳定休克中的患鸟对于生存至关重要，并且在紧急情况下通常优先于作出明确的诊断。本章作为一个快速指南，指导当患鸟处于严重衰弱的状态或休克时如何采取行动。更多信息可以在第二部分找到。

低体温

鸟类的平均体温为40℃，大多数物种的体温在39~43℃。鸟类体温过低的表现包括嗜睡、静坐不动和乍毛。

环境温度必须通过外部热源（如加热保温箱、加热灯或加热垫）升高至30~32℃。最佳温度因鸟的品种、年龄和病情而异。监测放置在加热环境中的患鸟是否有体温过高的表现（例如，呼吸急促、张嘴呼吸、翅膀远离身体），这可能比体温过低更危险（见体温过高，第37页）。

食欲不振可能导致体温过低，因此提供营养支持（见营养支持，第25页）也至关重要。

低血容量

低血容量性休克的患鸟应尽快通过扩大血容量使其循环恢复正常。建议静脉或骨内输液。可以使用胶体液和/或晶体液。

高渗盐水（7.5%）3mL/kg +羟乙基淀粉3mL/kg，静脉或骨内输液10min完成，然后推注晶体液（例如乳酸林格氏溶液）10mL/kg，10min完成。反复推注晶体液，直到休克的临床症状消失。

或采用晶体液的团注（例如乳酸林格氏溶液），10~20mL/kg，2~10min完成。重复10mL/kg的团注，直至休克的临床症状消失。

缺氧

保定呼吸窘迫的患鸟时，应尽量减少对身体的压力，以避免限制呼吸运动。

呼吸窘迫的患鸟应首先安置在氧气笼中以稳定下来。通过面罩供氧会导致额外的应激和对氧气的需求增加，从而产生不利影响。

如果存在气管或鸣管阻塞，则应进行气囊插管（见附录6）。气道部分阻塞的症状包括严重的呼吸困难和喘鸣等。当提示阻塞性呼吸窘迫症状恶化或在30min内未改善（尽管进行了吸氧）时，可将尾侧气囊插管作为创建通畅气道的临时措施。

低血糖

低血糖可由厌食或营养不良、肝、肾或肠疾病、激素性疾病、败血症和肿瘤等引起。低血糖的症状包括嗜睡、共济失调和癫痫发作。

除了治疗低血糖的根本原因外，还应提供营养支持和口服或肠外液体治疗（含5%葡萄糖）。肠外补充葡萄糖可能导致危险的液体和电解质紊乱，应谨慎使用。

第三部分：特定的急诊情况

11．脚环勒伤

脚环勒伤（**图11.1**）最初可能是由于腿部的原发性肿胀（由于炎症、创伤或肿瘤）、脚环下皮肤组织和碎屑的积聚、脚环在跗关节上移位到腿部较粗的部位、创伤或啃咬造成脚环变形以及生长期幼鸟佩戴了过细的脚环所引起的。腿部的压迫会导致爪部的血液流出严重受阻，从而导致更严重的肿胀。严重的并发症可能很快发生，如爪部坏死（死亡）、跗跖骨骨折（**图11.2**）和与脚环接触的伤口。由于腿的位置和覆盖的羽毛，脚环本身可能被遮挡。有时，腿部无法负重和/或跛行是在家中唯一明显可见的症状。

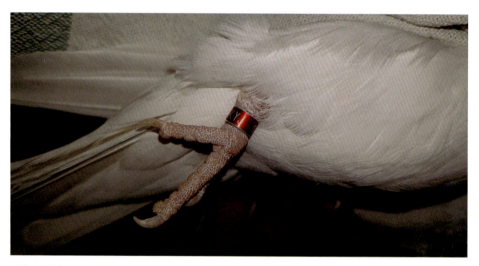

图11.1 脚环勒伤。

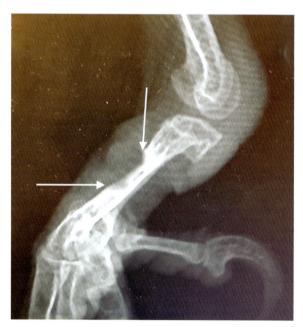

图11.2 慢性脚环压迫的金刚鹦鹉爪部X线片。注意跗跖骨的病变（箭头之间）。脚环压迫可能导致病理性骨折，这可能在移除脚环后才明显。

家中的紧急处理建议

很遗憾，在家中无法安全地操作。鸟主人不应自行取下脚环，因为并发症的风险太高了。

兽医急诊护理

疼痛管理

如果腿部肿胀，应使用止痛药（例如美洛昔康和在严重情况下使用布托啡诺）。

移除脚环

过紧的脚环应尽快移除。试图以其他方式减轻肿胀是徒劳的。用剪刀或钳子剪脚环都有很高的风险。脚环在压力下的突然移动可能会导致非常严重的伤害，包括骨折或导致失去爪子或腿的风险。

作者认为，用冷却的高速钻/牙钻（**图11.3**）切割脚环是最好和最安全的选择。也可以使用带有旋转研磨盘的多功能工具，但损伤周围组织的风险更高，特别是如果肿胀已突出到脚环上方时，当使用多功能工具时，用喷水/水滴冷却脚环对于防止脚环过热并烫伤腿部是必不可少的。患鸟保持静止是最重要的，这个过程通常最好在全麻下进行（例如，异氟烷/七氟烷）。

去除脚环的贴士。
- 首先使用全身性止痛药（例如美洛昔康）。
- 手术前准备好设备，以治疗潜在的出血或稳定骨折。在严重的情况下，软组织或骨骼可能会受到严重的损伤，导致自发性出血或在移除脚环后立即出现病理性骨折。在移除脚环之前，请告知鸟主人这些可能的并发症。
- 在脚环的近端和远端缠一层弹性绷带，以避免医源性软组织损伤（特别是在使用多功能工具操作时）。
- 如果可能的话，在皮肤和脚环之间放置一个薄的金属物体，以保护下面的组织。
- 切割过程中确保脚环持续冷却，避免脚环过热烫伤下面的软组织。
- 在脚环上做两个切口，将其分成两半。
- 在可能的情况下，只在腿的外侧面切割。在跗骨内侧切割可导致跗骨内侧静脉损伤。在外侧面上的第一次切割之后，旋转半圈脚环再次在外侧面上进行第二次切割。只有在无法转动脚环时，才在内侧进行第二次切割。

术后护理

任何在移除脚环后可见的未感染的圆形伤口（**图11.4**）都可以进行局部治疗，例如每天两次使用蜂蜜或其他防腐药膏。在存在更深的细菌感染的情况下，建议使用抗生素。应继续给予止痛药，直到腿部不再疼痛。在NSAID的效果不足以缓解重度疼痛的情况下，可给予阿片类药物（例如，布托啡诺或曲马多）。可以使用保护性绷带防止伤口污染，并降低自残的风险。

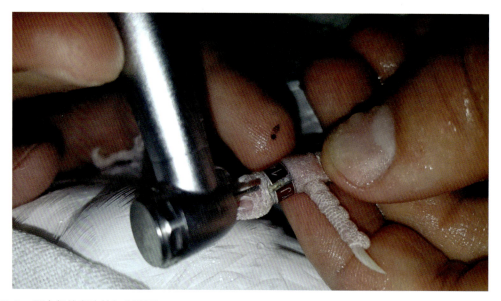

图11.3 用冷却的高速钻切割脚环。

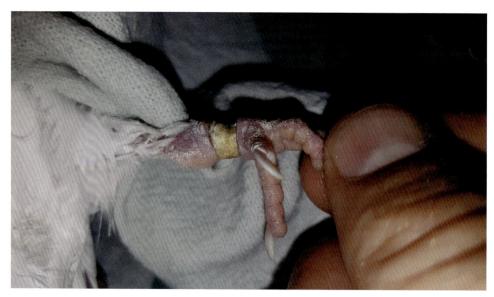

图11.4 移除脚环后残留皮屑的圆形伤口

12. 血羽出血

血羽是正常的新生羽毛，其血供良好。血羽损伤（**图12.1**）可导致大量失血。

图12.1 出血的血羽。

家中的紧急处理建议

可以用手指或钳子捏紧血羽出血端几分钟。少量止血粉、氯化铁或硝酸银棒可用于刺激血液凝固。应防止鸟类吃下这些止血剂。如果没有上述止血药物，也可以使用少量的面粉或玉米淀粉来加速血液凝固。如果可能的话，也可以在出血的羽毛末端用绳子、线或鱼线打结。

在血流不止的情况下，如果不能及时就医，主人可以自己拔出患鸟流血的羽毛作为最后的处理方法。操作时如果是翅膀或尾巴上的羽毛，必须牢牢地保定好羽毛的底部，然后用钳子牢牢地固定在损坏的羽毛的基部并将其拔出。随后轻轻按压毛囊，可以止住毛囊出血。不应使用化学药剂来阻止毛囊出血。

注意：拔出羽毛是一个非常疼痛的过程，可能会导致并发症，如果可能的话，应该由兽医进行充分镇痛处理。

兽医急诊护理

如前所述，可以通过捏住羽毛几分钟或使用止血粉、氯化铁或硝酸银来尝试止血。

如果可能的话，应该尝试结扎血羽，并允许正常换羽，以避免对毛囊的创伤和未来羽毛生长的潜在并发症。结扎应在羽轴断裂或薄弱点的近端进行，然后在结扎远端修剪羽毛。

如果流血不止，可以拔出羽毛。如果时间和患鸟状况允许，提供充分的镇痛，例如，布托啡诺、美洛昔康和/或利多卡因（注射于毛囊基部或滴于受损羽轴）。当翅膀或尾部在羽毛的基部保定好时（以防止医源性骨折或其他创伤），可以用持针器或蚊式止血钳夹羽毛并将其拔出。与完全发育的飞羽相比，通常更容易拔，需要相对较小的力量。如果羽毛毛囊发生轻微出血，可以通过轻轻按压毛囊来止血。使用化学药物，如氯化铁或硝酸银，或烧灼来促进凝血，可能会造成永久性毛囊损害，并导致并发症。

注意：拔除羽毛可能会对羽毛毛囊造成永久性损伤。虽然并不常见，但结果可能是新的羽毛变得异常（营养不良）或根本没有新的羽毛生长。拔出飞羽应该被视为最后的手段，特别是在猛禽中，飞行能力不完美会导致其野外生存率下降。

液体治疗

液体治疗（见第21页）适用于大量失血（超过体重的1%）的情况。

13. 体温过高

鸟类的平均体温为40℃，大多数物种的体温在39～43℃。体温过高通常是由于环境温度过高，但也可能由应激引起。即使是热带鸟类，如果没有足够的遮阳处，在炎热的天气也会体温过高。

体温过高的患鸟通常张开嘴呼吸，常将翅膀远离身体。如果不及时治疗，体温过高会导致死亡。

家中的紧急处理建议

体温过高的患鸟应立即安置在较凉爽的环境中。爪部可以反复用淡水湿润，可以喷水来冷却患鸟，但鸟的羽毛不应该被浸湿。

兽医急诊护理

液体治疗

建议通过皮下、静脉或骨内输液进行液体疗法（参见第21页的液体治疗），但应避免过度应激和保定导致的进一步过热。

降温

将患鸟安置于安静和凉爽的环境中。室温通常足够凉爽。在鸟的腿和其他部位喷洒淡水可以加速降温。不应该完全打湿羽毛。酒精涂抹在爪子上可能比水更有效，但酒精是一种有毒物质，应谨慎使用。

注意：主动降温可能导致患鸟体温过低。一旦体温过高的症状（异常呼吸和姿势）消失，应停止额外的降温措施，以防止体温过低。鸟类体温过低的表现包括嗜睡和静坐不动乍毛（见"低体温"第29页）。

14. 趾甲或喙尖出血

趾甲和喙尖的外伤（**图14.1**）可导致大量失血，特别是当患鸟不断清除正在形成的血凝块时。

图14.1 喙尖出血。

家中的紧急处理建议

可以尝试用无菌纱布轻轻按压出血部位止血。如果是趾甲出血，轻轻挤压趾甲根部可以减少血液流动。止血粉或硝酸银棒可用于促进血液凝固。给予少量的面粉或玉米淀粉也可能有助于血凝块的形成。

重要的是防止患鸟用喙咬掉血凝块，可在受损的趾甲和脚趾周围包裹绷带或胶带进行保护。

兽医急诊护理

液体治疗

如果失血过多（超过体重的1%），由于存在血容量不足的风险，需要进行液体治疗（见第21页）。

疼痛管理

如果喙部受伤，必须立即开始使用止痛药物进行充分的镇痛治疗。对于因大量失血（超过体重的1%）而导致血容量不足/低血压的患鸟，建议不要立即使用NSAID，因为这可能会增加急性肾损伤的风险。布托啡诺可用于急性疼痛的治疗。稳定后，NSAID（例如美洛昔康）可以替代。

管理

最初，在急诊就诊期间也可以使用与先前描述相同的技术。通过专业的保定/约束或镇静患鸟（例如，通过异氟烷，七氟烷或咪达唑仑与布托啡诺的组合），在临床上使用相同的技术可以获得比在家中更好的结果。未注射镇静剂的患鸟应物理保定直至止血。在上喙尖出血的某些情况下，用手指保持喙闭合可能是有用的，以防止患鸟不断地用下喙咬掉新形成的血凝块。当然，这应该只在能够通过鼻子自由呼吸的患鸟上操作。

如果出血不能以这种方式停止，可以考虑烧灼止血。考虑到这一过程的疼痛，烧灼应该只在充分镇痛的情况下进行（例如，通过布托啡诺和美洛昔康或外用利多卡因）。当然，对骨骼的热损伤必须最小化。因此，烧灼也是最后的补救措施，特别是在喙部受伤的情况下！

封闭趾甲或喙的伤口可以帮助防止反复出血并减少术后疼痛。对于喙，在全麻的状态下，通过在缺损处涂一层薄的环氧树脂或组织胶来完成修复。如果趾甲的尖端完全缺失，可以先薄薄涂一层组织胶，然后撒少量的小苏打，以增加保护层的厚度。这一步骤可以重复数次以产生足够厚的保护层。

术后护理及疼痛管理

特别是喙损伤，可能会在很长一段时间内感到疼痛，并可能导致食欲不振以及健康受损。使用NSAID（如美洛昔康）。在喙部外伤的情况下，有时需要提供软食或通过管饲给患鸟提供营养支持（见第25页），直到其正常自主进食。大多数喙尖损伤的患鸟在给予非甾体抗炎药进行疼痛管理后可正常进食。

15. 喙部的贯穿（咬伤）性外伤

喙部的贯穿性外伤通常是由另一只鹦鹉啄伤造成的。然而，也可能是由其他原因引起的，例如事故、狗咬伤、某些玩具或金属物体等。对于喙的深度损伤（**图15.1**），骨组织污染和感染的风险很高。如果不及时采取适当的措施，可能会发生严重的并发症。

图15.1 凤头鹦鹉喙部的严重外伤。

家中的紧急处理建议

处理开放性伤口时应戴无菌手套。如需要，可用无菌生理盐水、凉白开或自来水冲洗喙上的新鲜咬伤口。应清除伤口中的异物，如羽毛或垫料。针对刚受伤还在出血的患鸟，应注意不要移去血凝块，因为这可能会导致更多的失血。

兽医急诊护理

喙部的深度损伤应作为开放性骨折处理。受损骨组织的细菌感染风险很高。

疼痛管理

喙的深度损伤会引起剧烈的疼痛，因此，使用止痛药物（例如，美洛昔康和布托啡诺或曲马多）以充分缓解疼痛。在大多数情况下，NSAID治疗应持续数天至1周。然而，在某些情况下，有必要给予更长时间的止痛药或另外给予曲马多。

液体治疗

如果失血过多（超过体重的1%），由于存在血容量不足的风险，需要进行液体治疗（见第21页）。

伤口处理

应清除全部异物，如羽毛、垫料或污垢等。如果伤口已经很陈旧，则采样进行细菌培养和药敏试验。角质（角蛋白）的完全松动部分必须首先去除；在某些情况下，大块的喙部角质松散碎片可以在稍后使用，此时将其作为保护层用环氧树脂或组织胶粘贴覆盖缺损。移位但仍附着的角质部分应使用镊子或蚊式镊/止血钳轻轻移回正常位置。然后必须用生理盐水彻底冲洗伤口并消毒（用1%聚维酮碘或0.05%氯己定）（见**图15.2**）。

干燥后，可以用环氧树脂保护层覆盖缺损（**图15.3**）。

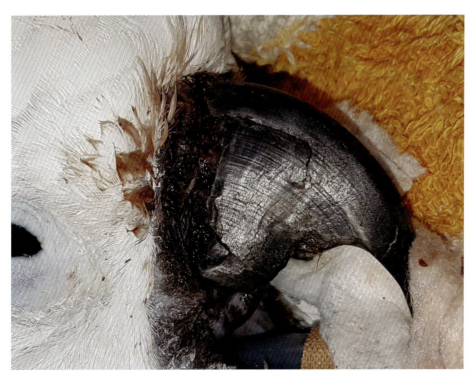

图15.2　清创并重新复位角质碎片后的喙部外观。

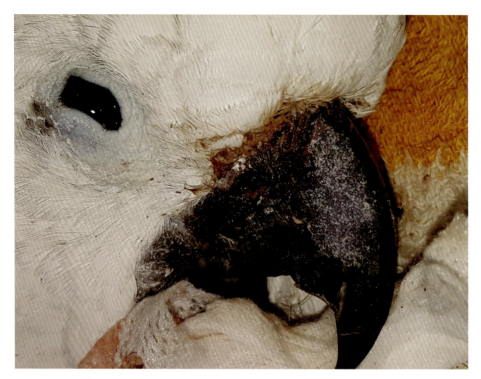

图15.3 保护层覆盖缺损。

抗生素

由于感染风险较高，应立即给予广谱抗生素（例如阿莫西林/克拉维酸）。在等待细菌培养和药敏试验结果前就开始抗生素治疗。

营养支持

喙部损伤会导致食欲不振，可能需要提供软食或通过管饲给患鸟提供营养支持（见第25页），直至恢复正常自主进食。

严重的外伤就可能造成大而深的缺损和永久性喙异常，建议由鸟类专家进行治疗。

16. 撕裂伤和割伤

家中的紧急处理建议

处理伤口时应戴无菌手套。

伤口出血时，应轻轻按压出血部位，最好用无菌纱布或干净毛巾。当血流不止时，在就诊路上应持续轻轻按压伤口，以避免失血过多。

新鲜、不出血的伤口可用生理盐水冲洗，然后用稀释的聚维酮碘消毒1次（用生理盐水或温水稀释至溶液呈浅茶色）。

爪部的伤口可以用绷带或胶带覆盖以保护和防止弄脏。

兽医急诊护理

液体治疗

如果失血严重（超过体重的1%），由于存在血容量不足的风险，应立即进行液体治疗（见第21页）。对处于休克状态的患鸟，建议给予静脉或骨内输液。对于轻度失血的稳定患鸟，皮下补液即可。

疼痛管理

必须立即使用止痛药进行治疗，以充分缓解疼痛。对于因大量失血（超过体重的1%）而出现血容量不足/低血压的患鸟，建议不要立即开始使用NSAID，因为这可能会增加急性肾损伤的风险。急性期可局部使用利多卡因和布托啡诺。在稳定后，NSAID（例如美洛昔康）可以代替阿片类药物或与阿片类药物合用（例如曲马多）。

在大多数情况下，止痛药物治疗应持续几天至1周。然而，在某些情况下，有必要给予更长时间的止痛药。

伤口管理

针对陈旧的伤口，采样进行细菌培养和药敏试验。

手术

手术应在伤口清洁和消毒后（使用1%聚维酮碘或0.05%氯己定）或全麻（例如，使用异氟烷/七氟烷）下进行，同时给予充分的镇痛。

大血管受损出血必须通过结扎或烧灼来止血。弥漫性出血可以通过轻轻按压出血表面来止血。

较大的、相对新鲜的伤口（**图16.1**）应该用缝线缝合，以便伤口一期愈合（**图16.2**）。由于非手术伤口可能被污染或感染，因此单股缝线优于多股缝线。

图16.1　一只伯克氏鹦鹉在失去所有飞羽后反复跌落，造成龙骨上的深伤口。

图16.2　清创消毒后，采用简单间断缝合闭合伤口。

注意：超过6h的伤口可能需要清创，以清除坏死或感染的组织，并在闭合前形成新的伤口边缘。

保守治疗

陈旧性伤口、较大的且部分皮肤缺失的伤口及感染的伤口有时最好开放二期愈合。需要反复清创（清除坏死组织和碎片）并治疗感染（最好基于细菌培养和药敏试验的结果），直到创面被健康的肉芽组织组成。

伤口愈合的最佳环境可以通过使用伤口敷料（以防止污染、吸收渗出物和促进肉芽形成）来创造，伤口敷料用绷带或缝线和/或外用首选水基剂型（例如，磺胺嘧啶银膏）或医用蜂蜜伤口凝胶。伤口敷料应至少每24h更换1次，直到伤口床由健康的肉芽组织组成。

固定受伤的身体部位有助于防止因过度活动而导致的伤口愈合的并发症（见附录8，第171页）。

抗生素

对于严重污染或感染的伤口以及免疫功能低下的患鸟，建议给予抗生素，后者包括非常年幼的患鸟、有慢性伤口的患鸟、患有并发症和营养不良的患鸟。抗生素最好基于细菌培养和药敏试验的结果选用。如果新鲜伤口严重污染或严重感染，可能需要在获得细菌培养和药敏试验的结果前就开始使用广谱抗生素（例如阿莫西林/克拉维酸）。

17. 咬伤或爪子造成的深伤口

咬伤（尤其是由犬、猫、花枝鼠等哺乳动物造成的伤口）或由爪子造成的深伤口的患鸟并发症风险较高，即使皮肤伤口很小，伤口感染的风险和对更深部结构的损伤也会很严重。

家中的紧急处理建议

处理伤口时应戴无菌手套。

应立即用生理盐水、凉白开或自来水冲洗伤口。除头部损伤（避免消毒剂接触眼睛）外，应使用稀释的聚维酮碘（用生理盐水或温自来水稀释至溶液呈浅茶色）对伤口进行一次消毒。

兽医急诊护理

疼痛管理

深的伤口会引起剧烈疼痛，因此，必须立即使用布托啡诺、美洛昔康和/或利多卡因等药物进行充分的止疼。如果失血量较大（超过体重的1%），建议不要立即开始使用NSAID。急性期可局部使用利多卡因和布托啡诺。液体治疗稳定后，NSAID（如美洛昔康）可以代替阿片类药物或同时给药（例如曲马多）。

液体治疗

液体治疗（见第21页）适用于大量失血（超过体重的1%）或大血肿的情况下纠正血容量不足。

伤口管理

采样后进行细菌培养和药敏试验。对伤口清洁和消毒（使用聚维酮碘1%或氯己定0.05%）后，使用缝线缝合伤口（如果可能，不引起显著张力）。由于有液体进入呼吸系统的风险，因此不应冲洗穿透体壁进入体腔或气囊的伤口。

注意：超过6~12h的伤口可能需要清创术以清除坏死或感染的组织。

不应放置手术引流管，因其对鸟类没有用处，只会导致并发症。

抗生素

穿孔咬伤或由爪子/鹰爪造成的深伤口，细菌感染的风险非常高。大量的细菌可以进入严重创伤的组织中，有时甚至是坏死的组织中。尽早开始使用广谱抗生素（例如阿莫西林/克拉维酸）治疗通常至关重要。在获得细菌培养和药敏试验结果之前就开始使用广谱抗生素。

18. 自残

自残是指通过咬自己的皮肤或更深层的组织来直接伤害自己。患鸟自残时，必须立即采取行动，以防止损伤升级，导致进一步的组织损伤和失血。因此，自残的患鸟应立即就医。

羽毛破坏行为不被认为是自残，也不是急诊病例。由于这一问题的复杂性，建议针对存在羽毛破坏行为的患鸟预约鸟类专科兽医门诊，进行更全面的检查和治疗。

家中的紧急处理建议

处理伤口时应戴无菌手套。

鸟主人应该通过分散鸟的注意力，让其进食，把它放在黑暗中或抱着它（至少在失血的情况下）来阻止其自残行为。在针对爪部自残时，鸟主人可以在受伤的部位包扎上绷带。

兽医急诊护理

注意：自残可能有许多不同的生理和心理原因。在急诊就诊期间，必须稳定患鸟并防止伤情进一步恶化。确定问题的原因及其处理方法可以在稍后阶段完成。

液体治疗

如果失血量很大（超过体重的1%），由于存在血容量不足的风险，应立即进行液体治疗（见第21页）。

疼痛管理

必须立即开始使用镇痛药以充分缓解疼痛。对于因大量失血（超过体重的1%）而出现血容量不足/低血压的患鸟，建议不要立即开始使用NSAID，因为这可能会增加急性肾损伤的风险。急性期可局部使用利多卡因和布托啡诺。在稳定后，NSAID（例如美洛昔康）可以代替阿片类药物或同时给药（例如曲马多）。

防止自残

为了防止进一步的损伤，有必要使喙无法接触到损伤部位。在大多数情况下，最可靠的方法是使用脖圈（管、球和/或聚乙烯脖圈，**图18.1**）。如果只是躯干受伤，与腿部或翅膀受伤不同，防护衣也可以用袜子制作。然而，防护衣很难穿，并不能保证对每只患鸟都能有效防护。因此，在急诊接诊时，相比防护衣更首选脖圈。有时可以通过使用保护性包扎来防止自残，包扎由一层衬垫或纱布、弹性自粘绷带和多层胶带组成。患鸟啃咬包扎或自残身体其他部位时，则可能需要在包扎的基础上额外佩戴脖圈。

图18.1　防止自残啃咬腿部的脖圈。

注意：脖圈会导致严重的应激、精神沉郁和食欲不振。刚佩戴脖圈的患鸟应住院接受兽医专业人员的监测，直到完全适应脖圈。

伤口处理

伤口可以按照撕裂伤或割伤部分描述的方法进行处理（见第43页）。稳定后需要进一步诊断和治疗。

19. 灼伤

灼伤可能是由于接触化学品或热的物体、液体或气体造成的。

家中的紧急处理建议

身体的任何部位接触到热的液体、物品、气体或明火时，最好立即冷却。患鸟的爪部可以用流动的温热自来水冲洗或让患鸟站在水盆中进行降温。这是爪部灼伤治疗的重要组成部分，应该在家中完成。背部的急性灼伤也可以用流动的温热自来水短期降温，但必须小心防止患鸟过度失温。鸟主人不应该只是用水浸泡羽毛，且只用非流动的水接触几分钟。头部灼伤时，用流动的温热自来水降温通常是不安全的。可以反复用水喷雾降温。

兽医急诊护理

降温后，缓解疼痛和预防伤口感染对于最大限度地减少并发症和降低损害健康的风险至关重要。

疼痛管理
灼伤是非常疼痛的，需要给予镇痛。严重灼伤可导致休克，阿片类药物（例如，布托啡诺或曲马多）在急性期优于NSAID。液体治疗稳定后，NSAID（如美洛昔康）可以代替阿片类药物或与阿片类药物合用。

液体治疗
建议给予液体治疗（见第21页）。

感染的预防/治疗和伤口处理
对陈旧的伤口，采集样本进行细菌培养和药敏试验。

开放性伤口可以用抗菌软膏（例如，磺胺嘧啶银膏或不含皮质类固醇的抗生素膏）每日2次。涂抹时应戴手套，以避免医生手上的细菌感染伤口。

腿部灼伤后不管是否有明显皮肤损伤最好用绷带包扎。开放性伤口必须首先用不粘在伤口上的敷料覆盖（例如，软膏浸渍的无菌纱布），然后再用黏性绷带包扎。包扎可以防止粪便或环境中的细菌污染和自残。背部的灼伤可以用绷带包扎覆盖，但通常不是必需的，因为背部很少或根本没有接触粪便或垫料。大多数情况下，头部灼伤不能用保护性包扎覆盖。

3d后，应评估皮肤状况。应清除坏死组织并处理伤口。

化学灼伤

某些化学物质，如漂白剂，也可能导致灼伤。在接触化学物质后，首要任务是尽快从皮肤上清除化学物质。避免将化学物质转移到皮肤、黏膜或眼睛等区域。然后用温热的自来水彻底冲洗皮肤。

去除腐蚀性物质后，伤口可按常规灼伤处理。

注意：虽然这可能需要几个星期，但在多数情况下，即使是大面积的皮肤灼伤，只要防止微生物定植，通过保守治疗，也可以很好地愈合。

20. 被粘鼠胶或除虫胶粘住

羽毛或身体上被粘鼠胶或除虫胶上的胶水粘住可能会有严重的后果。

家中的紧急处理建议

鸟主人应戴上手套，以防止胶水粘到自己的皮肤。粘鼠胶的黏性区域可以用纸巾覆盖，以防止胶水进一步粘到身体的更大区域。如果鸟被粘在一个物体上，必须非常小心地把鸟解救出来。首先，鸟主人可以试着把羽毛一根一根地从黏黏的表面上拉下来。不要试图通过把鸟从黏黏的表面上拉下来而立刻解救它。除了疼痛，上述操作可能会导致严重的皮肤创伤及腿部和翅膀的骨折。当试图通过从黏性表面拉出羽毛解救患鸟不成功时，且患鸟没有因非常不舒服的体位（例如肢体处于不自然的位置）而引起严重的不适，鸟主人可以将患鸟带到医院。当物体太大而不能带到医院，或鸟处于非常不舒服的体位时，可以用剪刀非常小心地剪下粘住的羽毛。当然，不应割破皮肤，这可能有挑战性。身体部分脱离黏胶后，立即用纸巾覆盖物体上的黏胶。

主人应该尽量通过抓住或分散患鸟的注意力来防止其试图用喙自己去除胶水，即使是在去医院的路上也要注意。

当只有几根羽毛被胶水弄脏时，可以尝试在家里去除胶水污渍。不幸的是，有不同类型的胶水，没有一种标准的方法可以消除它们。可以溶解胶水的化学物质通常毒性很强，因此不建议使用。许多粘鼠胶或除虫胶都能溶解在油里。这些胶水可以通过用无毒的油擦拭羽毛来去除，例如橄榄油、色拉油、葵花子油或花生酱。虽然这种油是无毒的，但鸟类不应该摄入这些油，特别是在溶解胶水之后。应防止油污染未受影响的羽毛。婴儿湿巾也可以帮助去除某些胶水。胶水溶解后，必须先用干净的毛巾擦去羽毛上的胶水。然后，可以用微温的高度稀释的洗涤液仔细洗掉残留的油，再用温水冲洗。

注意：过度洗涤会导致体温下降（体温过低），这可能是危险的。患鸟大量羽毛或大面积身体覆盖着胶水时应该由兽医进行治疗。患鸟身上的胶水不能溶解在油中或用婴儿湿巾去除，应该由兽医进行治疗。

兽医急诊护理

最初，可以在医院尝试先前描述的程序。在全麻（例如，使用异氟烷/七氟烷）下可帮助顺利完成操作。如果前述操作无法清除胶水，可以尝试用丙二醇清洁羽毛或皮肤。

在严重的情况下，黏胶的羽毛可以在全麻下拔除（例如，异氟烷/七氟烷或咪达唑仑与布托啡诺的组合），并给予足够的镇痛（例如，布托啡诺和美洛昔康）。拔毛比剪毛更好，因为拔毛会更快地促进新的羽毛再生，而剪毛后，新的羽毛只会在下一个换羽期出现。

21. 油污

石油泄漏对水禽构成很大的危险。覆盖在羽毛上的油会影响正常的体温调节、破坏羽毛的防水性、导致其无法飞行。摄入油会导致严重的胃肠道问题（例如，厌食、呕吐/反流、腹泻、吸收不良），并且根据油的具体类型，可能导致全身性中毒，引起贫血、肾或肝损伤。吸入油会导致呼吸窘迫。

许多未经治疗的患鸟因消瘦、体温过低或溺水而死亡。

家中的紧急处理建议

建议佩戴手套或使用毛巾来保定有油污的患鸟。应将油污患鸟置于温暖和黑暗的环境中。不得试图清除油污。在户外发现的油污患鸟必须尽快由专业兽医或专门的救援中心接救。

兽医急诊护理

应使用棉签/棉拭子清除口腔、鼻后孔和咽部的油，以清洁气道。可以用棉签/棉拭子清洁眼睛，并用生理盐水冲洗。

由于体温过低、低血糖和脱水，受油污影响的患鸟经常严重虚弱和休克。在试图清除羽毛上的油污之前，必须先将沾有油污的患鸟稳定下来（见第10章）。

总体稳定后（这可能需要几天），应该从羽毛上去除油污。用流动的温水（40℃）和1%~2%稀释的液体洗碗皂（如Dawn）清洗油污。头部，特别是眼睛周围的区域，可以用软毛牙刷或棉签清洁。在清洗过程中应仔细监测患鸟，特别是体温过低的表现。当患鸟再次变得不稳定时，应停止清洗，只有在患鸟完全稳定后才能继续清洗。最后，所有的油污都应该被清除，可能需要通过几次清洗来完成。

22.　中毒

不幸的是，中毒在鸟类中很常见。中毒可能发生在家中，通过摄入、吸入或接触有毒物质而引起。鹦鹉特别喜欢啃咬各种物品，因此当它们在存放有毒物品的房间里时，中毒的风险相对较高，例如电池、有毒植物、巧克力、牛油果、酒精、清洁产品、烟草、药物或铅。所有鸟类都很容易因吸入有毒气体和蒸汽而中毒。

本章将讨论以下中毒情况：

（1）吸入性中毒。

（2）皮肤或眼睛接触有毒物质。

（3）口服中毒。

- 铅中毒
- 有毒植物中毒
- 腐蚀性毒素
- 其他毒素

吸入性中毒

吸入有毒气味、气体或烟雾可通过呼吸道使鸟类中毒。例如，暴露于聚四氟乙烯（PTFE）（一种有毒气体，当炊具上的不粘涂层过度加热时会释放出来）、一氧化碳、烟雾、烹饪油烟和某些清洁剂/溶剂。大多数吸入性毒素会对呼吸道造成损伤，但某些毒素也会造成其他器官受损。

吸入性中毒的症状取决于吸入的毒素。呼吸窘迫（呼吸急促）最常见的原因是气道问题，包括肺组织中的液体积聚（肺水肿）、气道狭窄（支气管收缩）、气道中的液体排出（渗出）或黏膜肿胀等。继发性感染可能会导致其他问题。

家中的紧急处理建议

必须立即将患鸟从接触有毒气体的区域移走。鸟主人应告知兽医患鸟接触过的物质，兽医可以收集有关具体的中毒信息，并在患鸟到达急诊医院时立即开始适当的治疗。

兽医急诊护理

有呼吸窘迫表现的患鸟应立即安置进氧舱。

如有必要，可访问中毒预防信息中心网站获取有关特定毒物的信息。

稳定体况

通过加热、营养、液体治疗和吸氧来稳定患鸟（见第19页，患鸟的体况稳定）。

在可能的情况下，开始进行针对中毒的特异性治疗。

对症治疗

抗炎药（例如美洛昔康）适用于缓解气道炎症和刺激。速尿适用于缓解肺水肿。沙丁胺醇适用于缓解支气管痉挛。

在吸入导致气道损伤的物质后，可以给予广谱抗生素（多西环素）以预防继发性细菌感染。

皮肤或眼睛接触有毒物质

如果有毒物质接触皮肤或眼睛，尽快清除毒素至关重要。清除残留毒素也可以防止患鸟因梳理羽毛而摄入有毒物质。

家中的紧急处理建议

优先考虑的是尽快从皮肤或眼睛清除有毒物质。鸟主人应戴上手套，防止自己的皮肤接触有毒物质，并避免将毒素转移到皮肤、黏膜或眼睛等部位。皮肤应用温水彻底冲洗。最好用生理盐水彻底冲洗眼睛，如果没有生理盐水，温自来水也可以。

过度盥洗或冲洗会导致体温下降（体温过低）的危险。因此，患鸟在家中不宜冲洗太久。精神沉郁或嗜睡的患鸟可能已经体温过低，所以冲洗应温和。

如果羽毛上沾有毒物质的患鸟精神沉郁或嗜睡，则不应立刻洗澡。鸟主人应通过保定或干扰患鸟梳理羽毛而防止其摄入毒素，直到急诊就诊。

兽医急诊护理

如果不能一直保定患鸟，可以使用脖圈来防止患鸟因梳理羽毛而摄入有毒物质。

进入眼睛的毒素应立即用温盐水或清水冲洗。

如有必要，可访问中毒预防信息中心网站获取有关特定毒物的信息。

稳定体况

通过加热、营养、液体治疗和吸氧来稳定患鸟（见第19页，患鸟的体况稳定）。

在可能的情况下，开始进行针对中毒的特异性治疗。

在患鸟稳定后，应尽可能多地用温水清洗皮肤和羽毛，如有必要，用稀释的洗洁精。在清洗过程中，应仔细监测患鸟，尤其是注意体温过低。当患鸟再次变得不稳定时，应停止清洗，并且必须在患鸟完全稳定后才能继续清洗。

在眼睛接触毒素的情况下，应使用荧光素检查眼睛角膜是否有损伤。在角膜缺损的情况下，在去除毒素后，使用含有维生素A和抗生素（不含皮质类固醇）的眼膏进行治疗。

铅中毒

铅中毒在鸟类中较为常见，可导致危及生命的情况。越早开始治疗，预后越好。

鸟类在家庭和户外都可能会接触到铅并摄入铅。鹦鹉可以通过咬含铅的材料而摄入铅，如铅的窗帘配重（**图22.1**）、电池、铅灯/铅窗、旧酒瓶上的铅箔和油漆。水禽可能会吃掉渔具上的铅坠（**图22.2**）。鸡在觅食时几乎可以吞下任何东西，包括铅颗粒。猛禽可以通过吃被铅弹击中的猎物而摄入铅。

鸟主人并不知道他们家中饲养鸟类的环境中存在铅。

铅中毒的症状取决于患鸟的种类和摄入铅的量等。症状可包括爪和腿的麻痹、抽搐、呕吐、共济失调、嗜睡、行为异常、癫痫发作、血便、心跳缓慢、失明和排泄物中正常的白色部分（尿酸盐）变为粉红色。并不是每一种症状都会出现在每一只患鸟身上。例如，在牡丹鹦鹉，爪麻痹可能是铅中毒早期阶段的唯一症状，而在凤头鹦鹉，恶心或癫痫可能是主要症状。

如果严重铅中毒没有及时得到处理，患鸟会死亡。

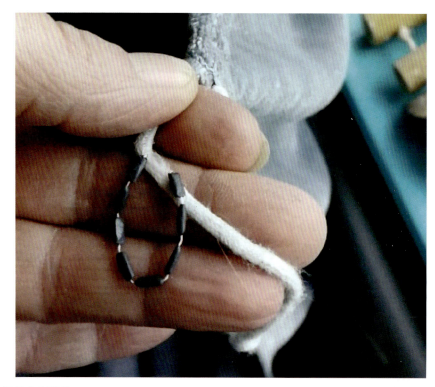

图22.1 铅的窗帘配重。

图22.2 被渔具钩到的幼天鹅。

兽医急诊护理

X线

如果根据病史或临床症状怀疑铅中毒，则需要拍摄X线片（见附录3，第144页）。在X线片上，胃肠道中的金属颗粒是明亮的白色碎片（**图22.3**）。在急性铅中毒的情况下，清晰的不透射线颗粒通常在X线片上可见，但没有这些颗粒并不能完全排除金属中毒的可能。另一方面，重要的是要认识到，不是每一种金属都是有毒的，X线片上存在的金属颗粒并不是铅中毒的确切证据。

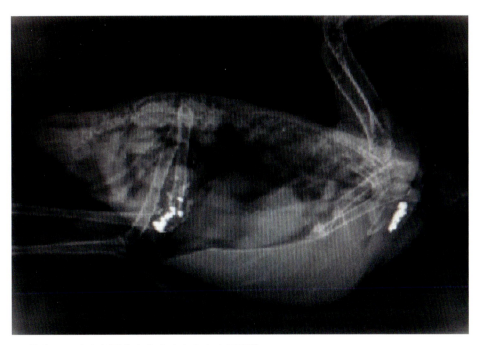

图22.3 X线片显示嗉囊和胃中有多个（白色）金属颗粒。

血检

在怀疑铅中毒时，可以测定血液中的铅含量。见观察、体格检查和诊断检查，第10页和附录2，第135页。

不幸的是，一些实验室需要相对大量的血样来测定铅浓度，这可能超过小型患鸟的安全采血量。

注意：针对非常小的物种或重病的患鸟，采血有时太危险，特别是对于缺乏鸟类采血经验的兽医。失血过多、形成血肿、保定时间过长或过度应激可能导致小型鸟或不稳定的患鸟死亡。在某些情况下，最好不要在急诊就诊期间进行采血。

治疗

如果根据病史、症状和/或X线检查结果证实铅中毒或强烈怀疑铅中毒，必须立即开始治疗。此外，当已采集血样送检铅浓度，在等待结果时应开始治疗。

稳定体况和液体治疗

铅中毒的患鸟必须通过液体治疗、加热和营养支持来稳定（见第19页，患鸟的体况稳定）。

由于铅的肾毒性，在铅中毒的情况下（也适用于水合正常的鸟类），总是需要进行液体治疗（见第21页）。最初，这是通过注射来完成的，因为铅中毒的鸟类可能会出现胃肠蠕动减缓/肠梗阻的症状。如果发现胃肠道功能正常，患鸟没有呕吐，也没有癫痫发作，稳定后可以口服补液。

从胃肠道中清除铅颗粒

对于在嗉囊内的金属颗粒，如果是病情稳定的患鸟，可以通过嗉囊灌洗（见附录5，第160页）或内镜清除嗉囊中的金属颗粒。

如果（前）胃或肠中存在铅颗粒，则可使用泻药（例如乳果糖）和促胃肠道动力药物（例如甲氧氯普胺）以加速其通过胃肠道并减少全身吸收。

螯合剂

给予螯合剂以清除吸收到体内的铅。在急性期，连续给予依地酸钙钠3～5d。由于铅可以储存在骨组织中，因此通常需要长期治疗以防止复发，即使在急性期治疗期间症状已完全改善。为了降低副作用、注射部位疼痛的风险，并使患者能够在家接受治疗，可以在CaNaEDTA初始治疗3～5d后开始口服青霉胺。其他治疗选择是用CaNaEDTA重复连续治疗（给药3d，停药3d）。

癫痫发作的对症治疗

咪达唑仑可用于抑制急性发作。

呕吐/促进胃肠道蠕动的对症治疗

铅中毒可引起恶心和胃肠道蠕动功能减退。胃复安（肠外给药）适用于抑制恶心和刺激胃肠道蠕动。

有毒植物中毒

在自然界里，许多鸟会啄食植物。有时候会吃下植物的一部分，有时候只是啃咬植物的一部分。植物中含有很多毒素。在大多数情况下，咬或吃下有毒植物主要会导致胃肠道疾病，如呕吐、厌食或黏膜损伤引起的疼痛等。然而，有些植物毒素可导致严重的肝脏、肾脏、神经或心脏疾病。摄入有毒植物会导致不适，甚至死亡。圈养的鸟类通常无法分辨哪些植物有毒，哪些无毒。因此，鸟类必须受到主人的保护，以免接触有毒植物（**图22.4**）。

不幸的是，关于植物对鸟类的毒性没有进行广泛的科学研究，因此几乎没有可靠的数据。在临床中发现，某些植物品种，它们肯定对鸟类有害，而其他植物品种则被怀疑对鸟类有毒，因为它们已知对人类或其他动物（如狗、猫和牲畜）有毒。然而，后者并不能证明什么。因为物种之间敏感性的差异确实存在。有几个例子表明，某些浆果对哺乳动物的毒性很强，但鸟类可以食用而不会引起疾病。另一方面，有些植物品种对鸟类的危害似乎比对其他物种的危害大得多。

图22.4 美丽但有毒的植物（天南星）。

有关已知或怀疑对鸟类有毒的植物清单，请参阅附录10（第177页）。鸟类对这份名单上的一些植物的敏感性可能被高估了，摄入部分植物后的症状可能是轻微的，甚至没有。另一方面，毫无疑问这份名单是不完整的，并不是每一种对鸟类有毒的植物都包括在内。

家中的紧急处理建议

虽然没有标准的治疗方法来治疗每一种植物中毒，但当我们看到喙上的植物时，如果可能的话，从口腔中清除这些植物总是有益的。用注射器将水注入鸟喙前部有助于稀释毒素。鸟主人应该非常小心，不要让鸟窒息。鸟主人应通过电话报告摄入植物的名称。这将有助于兽医收集有关特定中毒的信息，并在鸟类急诊就医后立即开始适当的治疗。当鸟主人不知道植物品种时，应拍照，以便稍后识别植物种类。

兽医急诊护理

治疗取决于摄入毒物的具体类型。如有必要，可访问中毒预防信息中心网站获取有关特定毒物的信息。

稳定体况

使用保温、营养支持、液体疗法、吸氧（见第19页，患鸟的体况稳定）以及可能的情况下针对中毒的特定治疗来稳定患鸟的病情。

清除残留的植物并防止系统吸收

口腔中存在的残留物应手动清除。嗉囊中存在的残留植物有时可以通过嗉囊灌洗来清除或至少稀释（见附录5，第160页）。泻药（例如乳果糖）可以帮助加速胃肠道通过并减少毒素的全身吸收。

对症治疗和其他治疗

如患鸟存在恶心，应使用甲氧氯普胺和/或马罗匹坦。硫糖铝（通过口腔给药，而不是通过饲管给药）适用于摄入可引起黏膜刺激或溃疡的毒素的患者。镇痛药适用于胃肠道黏膜刺激和溃疡的情况。如果发生溃疡，则不应使用NSAID。

注意：在某些特定情况下，使用活性炭可能有益，但在其他情况下可能是禁忌。默认情况下不执行此操作，仅在特定的适应证时执行。

摄入腐蚀性毒素

摄入腐蚀性化学物质，如清洁剂中的氨和漂白剂，会导致鸟的喙、食道和嗉囊严重烧伤。

家中的紧急处理建议

稀释毒物可以帮助减轻中毒的影响。用注射器将水（高达2mL/100g体重）注入喙前部有助于稀释毒素。鸟主人应该非常小心，不要让鸟窒息。

鸟主人应通过电话报告摄入的毒素名称。这将有助于兽医收集有关特定中毒的信息，并在鸟类急诊就医后立即开始适当的治疗。在可能的情况下，鸟主人应将毒物的包装带往医院。

兽医急诊护理

治疗取决于摄入的具体毒物类型。如有必要，可访问中毒预防信息中心网站获取有关特定毒物的信息。

注意：在摄入腐蚀性物质后不应催吐，因为呕吐和反流可导致腐蚀性毒素二次损伤食道并有误吸的风险。活性炭也是摄入腐蚀性毒素后的禁忌。

如有可能，应开始进行针对中毒的具体治疗。

抑制恶心

由于前面提到的原因，正在反流/呕吐/作呕的鸟类必须用甲氧氯普胺（IM）和/或马罗匹坦（IM）进行治疗。

毒素的稀释

为了最大限度地减少腐蚀性毒素造成的伤害，稀释毒素是非常重要的。

为了稀释口腔和颈段食道中的毒素，需要将水直接注入口中。通常，体重为100g的鸟可以口服2mL。应注意避免吸入水或反流。对未驯化或应激的鸟，安全地口服给予液体几乎是不可能的。

为了稀释嗉囊中的毒素，可以通过饲管给药（见附录5，第160页）。插入饲管时应非常小心，并涂上一些润滑剂（一层非常薄的润滑剂，以防止吸入），因为喉部或食道可能已经存在疼痛的黏膜病变。

稳定体况

通过保温、营养支持、液体治疗和吸氧使患鸟稳定（见第19页，患鸟的体况稳定）。

对症治疗和额外治疗

硫糖铝（经口给药，而不是通过饲管）是指摄入毒素后，引起黏膜刺激或溃疡，需要使用止痛药。如果发生溃疡，则不应使用NSAID。

大多数鸟类在摄入腐蚀性毒素后需要更长时间的支持性护理，包括液体治疗、营养支持、止吐药和止痛药。

摄入其他有毒物质

还有更多的毒素可能被鸟类摄入，如牛油果、酒精、药物、巧克力、农药、毒鼠药、毒蜗牛药等。摄入有毒物质后的治疗完全取决于毒物的类型。

家中的紧急处理建议

鸟主人应通过电话报告摄入的毒素名称。这将使兽医有机会收集有关特定中毒的信息，并在患鸟急诊时立即开始适当的治疗。在可能的情况下，鸟主人应将有毒素物品带往动物医院。

兽医急诊护理

治疗方案取决于摄入的毒物的具体类型。如有必要，可访问中毒预防信息中心网站获取有关特定毒物的信息。

如有必要，可访问中毒预防信息中心网站获取有关特定毒物的信息。

稳定体况

通过保温、营养支持、液体治疗和吸氧使患鸟稳定（见第19页，患鸟的体况稳定）。

清除毒素和防止全身吸收

应手动清除口腔中存在的有毒物质。

当摄入的有毒物质仍在嗉囊中时，进行嗉囊灌洗（见附录5，第160页）有利于去除或稀释毒素。然而，对于特定的中毒，执行嗉囊灌洗可能是禁忌的，不应该常规进行嗉囊灌洗，而只能在特定的适应证下采用。

注意：在某些中毒情况下，通过饲管向嗉囊中给予活性炭可以帮助最大限度地减少毒素的全身吸收。然而，在某些毒素中毒（例如强酸、强碱和石油产品）情况下是禁忌。不应常规给予活性炭，而应根据具体情况选择是否给予。

可以通过使用轻泻剂（例如乳果糖）使毒素通过胃肠道排出。这会减少毒素的吸收。

对症治疗和额外治疗

在恶心的情况下，应使用甲氧氯普胺和/或马罗匹坦。硫糖铝（经口给药，而不是通过饲管给药）适用于摄入可引起黏膜刺激或溃疡的毒素后。镇痛药适用于胃肠道黏膜刺激和溃疡的情况。如果出现溃疡，则不应使用NSAID。

23. 脑震荡

如果全速撞在窗户或其他物体上会导致脑震荡。脑震荡是一种创伤性脑损伤。因此，患鸟可能嗜睡、协调性受损，头部或四肢位置异常。

家中的紧急处理建议

患鸟应安置在室温下黑暗和安静的环境中一小段时间（例如15min）。将患鸟置于加热灯下可能会加重脑损伤！

兽医急诊护理

发生脑震荡的患鸟应使用液体疗法、营养支持和吸氧进行稳定（见第19页，患鸟的体况稳定）。必须避免对脑震荡患鸟进行加热，以防止继发性脑损伤。抗炎药可能适用于脑肿胀和头痛。皮质类固醇会对鸟类造成严重的副作用，因此不推荐使用。美洛昔康可作为镇痛抗炎药使用。患有脑震荡的鸟类应被安置在安静且黑暗的地方。

24. 泄殖腔脱垂

在泄殖腔中，胃肠道、泌尿道和生殖道汇集在一起。脱垂可能涉及多个器官：泄殖腔本身、输卵管和/或肠道。

无论原因如何，脱垂的并发症会迅速发展，原因包括脱垂组织的肿胀、损伤、坏死和感染（**图24.1**）。

图24.1 脱垂（里面有一个蛋）。

家中的紧急处理建议

脱垂的组织可以通过生理盐水冲洗来清洁。鸟主人不应该用毛巾擦拭，因为脱垂的组织可能非常脆弱。然后应该将患鸟安置在干净的湿布上，直到就诊治疗脱垂。用生理盐水或润滑剂反复湿润脱垂组织可以防止脱垂组织脱水，从而降低并发症的风险。应将患鸟与其他鸟（特别是鸡）隔离，并分散其注意力或将其抱起，以防止其咬伤或啄食脱垂的组织。

兽医急诊护理

尝试腹部触诊、X线片检查（见附录3，第144页），针对大型鸟类用手指轻柔探查泄殖腔/触诊，对小型鸟类用棉签探查，以确定脱垂的原因。对于占位性肿物，如泄殖腔结石或蛋（**图24.1**），在重新定位移位结构和解决脱垂之前，必须移除这些占位性肿物。

稳定体况

脱垂的患鸟通常是虚弱的，必须使用保温、液体疗法、营养支持和对呼吸窘迫患鸟进行吸氧来稳定患病动物（见第19页，患鸟的体况稳定）。

疼痛管理

脱垂是非常疼痛的，需要给予止痛药物（例如，美洛昔康和/或布托啡诺）。适当的镇痛也可以减轻里急后重，使脱垂的管理效果更佳。

脱垂的管理

除了可以用生理盐水溶液进行最初的清洁外，治疗是在麻醉下进行的（例如，异氟烷/七氟烷）。首先，必须轻柔但彻底地清洁脱垂的组织。在组织脱垂严重肿胀的情况下，可以尝试用高渗葡萄糖溶液减轻肿胀。随后，应使用戴手套的手指或棉签将脱垂的组织恢复到正常位置。应使用水基润滑剂，并注意不要对脆弱的组织造成额外的损伤。为防止即刻再次脱垂，可在泄殖腔开口两侧水平褥式缝合，缩小泄殖腔开口（**图24.2**）。应该保留一个中央开口，留出足够的空间让粪便通过。

应定期检查泄殖腔和缝线，以防止脱垂复发和可能的并发症（例如，难产、便秘和感染）。

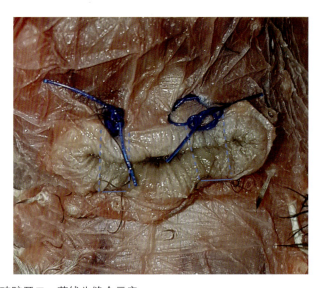

图24.2 缝合缩小泄殖腔开口。蓝线为缝合示意。

抗生素

全身性广谱抗生素（例如，阿莫西林/克拉维酸）适用于创伤、组织坏死和/或感染的治疗。

除非已诊断脱垂的原因，且脱垂和根本原因已得到充分治疗，否则需要进一步的诊断和治疗。

25. 呕吐

呕吐可能是许多疾病的症状，一些相对无害，另一些则危及生命。呕吐会迅速导致严重脱水和/或饥饿。呕吐的原因可能是胃肠道内或胃肠道外的疾病。胃肠道内的原因包括感染、异物、蠕动障碍、肿瘤或肠套叠等。呕吐的非胃肠道原因包括中毒、肝脏或肾脏疾病，以及中枢神经系统疾病等。

注意：当一只鸟对着伴侣、主人、玩具、镜子或其他物体主动吐出已摄入的食物（反刍）时，这可能是"伴侣行为"。在这种情况下，没有呕吐或紧急情况的威胁。然而，在没有"接受者"的情况下反复反流可能表明存在潜在的感染或其他问题。

兽医急诊护理

严重病因造成的呕吐并不罕见。例如，铅中毒经常造成呕吐，特别是在鹦鹉、家禽和水禽中。由于可能存在急性、危及生命的疾病，对呕吐的患鸟总是建议进行诊断，而不仅仅是对症治疗。在没有发现和解决潜在疾病的情况下，抑制呕吐可能会导致情况恶化甚至死亡。

既往病史

应向鸟主人获取有关摄入有毒物质的可能信息（例如，有毒植物、药物或铅等）。大多数鸟主人不知道鸟类生活环境存在铅，所以铅中毒不能根据既往病史排除。关于中毒的更多信息，见第55页"中毒"。

嗉囊触诊

轻轻触诊嗉囊，检查是否有内容物和异物。恶心患鸟的嗉囊充盈可能是嗉囊停滞/酸嗉囊的提示（见嗉囊停滞，第74页）。异物可以是单一的固体物，也可以是垫材、草（鸡常见）、毛发、绳索或纺织品等。

粪便检查

采集粪便样本进行显微镜检查（见附录4，第157页）。

如果在急诊就诊期间无法进行完整的粪便检查，则保留粪便样本以备日后检查。

注意：大部分种类的雀鸟都有肠道菌群，所以大部分雀鸟的粪便中有细菌是正常的。

嗉囊内容物的显微镜检查

对嗉囊内容物或新鲜的呕吐物进行显微镜检查。新鲜样品用温盐水稀释，并检查是否存在活动的鞭毛虫。将显微镜载玻片上的薄抹片染色并检查大量细菌或酵母菌。在健康的鸟类中，嗉囊内容物不是无菌的，因此存在一些细菌和酵母菌并不是什么异常现象（**图25.1**）。大量的细菌（特别是单一菌种，**图25.2**）和/或酵母（特别是出芽酵母或形成伪菌丝的酵母，**图25.3**）表明这些微生物过度生长。

注意：原发的嗉囊感染并不常见，微生物过度生长通常继发于潜在（胃肠道蠕动性）疾病。在微生物继发性过度生长的情况下，仅对其进行治疗是不够的，还应确定并解决根本原因。如果在急诊就诊期间无法做到这一点，在病情稳定后，可以将患鸟转诊给鸟类专家医生，进行进一步的诊断和治疗。

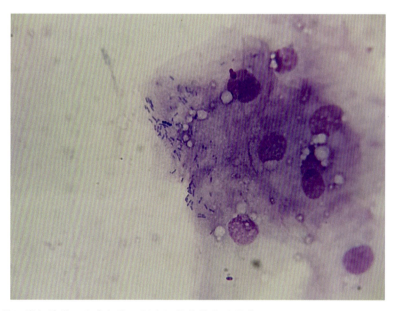

图25.1 嗉囊的正常细胞学：上皮细胞、混合细菌菌落和酵母菌。

X线

X线（见附录3，第144页）适用于检查是否存在不透射线的异物、占位性病变或金属颗粒（见"铅中毒"，第57页）。

注意：即使在X线片上看不到金属颗粒，也不能完全排除铅中毒的可能性。如果根据既往病史或临床症状强烈怀疑铅中毒，则必须在等待血液检查结果前迅速开始治疗。

血液检查

呕吐可能是非胃肠道疾病的症状，并可能导致并发症，包括脱水和电解质浓度变化。理想情况下，应采集血液（见观察、体格检查和诊断测试，第11页和附录2，第135页）进行血液学和生化检查。

注意：对非常小的物种或重病的患鸟，进行采血有时太危险，特别是由缺乏鸟类采血经验的兽医操作。失血过多、形成血肿、保定时间过长或过度应激可能导致小体形或不稳定的患鸟死亡。在某些情况下，最好不要在急诊就诊期间采血。

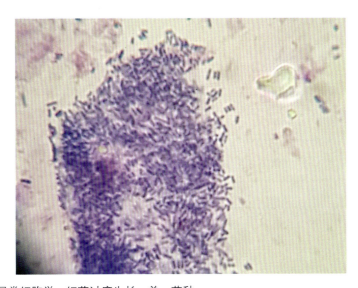

图25.2　嗉囊的异常细胞学：细菌过度生长，单一菌种。

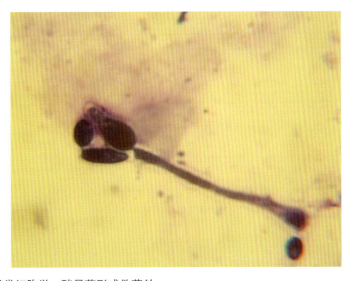

图25.3　嗉囊的异常细胞学：酵母菌形成伪菌丝。

呕吐的对症治疗

为了防止（进一步）脱水、营养流失并进行有效的口服治疗，应阻止呕吐/反流。甲氧氯普胺在大多数情况下是有效的。在呕吐/反流完全停止之前，应IM或IV给药。在成功停止呕吐后，可以进一步经口给药，但患有嗉囊停滞的鸟类除外（见第74页），其中，嗉囊排空延迟会阻止经口给药的全身吸收。

注意：在消化道出血和肠梗阻时服用胃复安是禁忌。

如有必要，马罗匹坦可与甲氧氯普胺联合使用，或在禁忌使用甲氧氯普胺时代替甲氧氯普胺。马罗匹坦不具有促进胃肠蠕动的作用。

稳定体况

呕吐的患鸟必须使用液体疗法、保温和营养支持来稳定（见第19页，患鸟的体况稳定）。只要呕吐持续存在，液体治疗就应该在肠外进行。一旦通过抑制恶心而停止呕吐/反流，就应该提供营养。由于患鸟经常出现厌食（由于恶心以外的原因），因此在很多情况下，在呕吐/反流停止后需要管饲。

微生物过度生长的治疗

在细菌过度生长时，需要使用抗生素，例如，阿莫西林/克拉维酸（多西环素和TMPS通常会引起恶心的副作用，这在已经呕吐的患鸟中是不希望出现的）。

在酵母菌过度生长时，需要使用抗真菌药物。制霉菌素（PO）和两性霉素B（PO）在嗉囊中酵母过度生长的情况下通常是有效的，并且由于口服全身吸收少而相对安全。也可以使用伊曲康唑，但它是全身吸收，并可能导致更多的副作用。巨细菌（巨细菌病）可以用两性霉素B（PO）治疗。

鞭毛虫可以口服硝基咪唑类的抗原虫药物（例如甲硝唑、罗硝唑）。线虫感染可以用驱虫药（例如，芬苯达唑、氟苯达唑、伊维菌素、吡喹酮）治疗。球虫可以用抗球虫药物（例如，妥曲珠利、磺胺二甲氧嘧啶）治疗。

异物的治疗

如果异物不是金属或尖锐物体，建议的方法是抑制恶心（甲氧氯普胺），并首先稳定患鸟（见第19页，患鸟的体况稳定）。

注意：当嗉囊中存在大的物体时，由于反流的风险，只能口服较小体积的液体/流食。

　　稳定后，应清除异物。如果是金属异物，可以通过将粘到饲管上的磁体插入嗉囊中来尝试移除（**图25.4**和**图25.5**）。不幸的是，并不是所有的金属都有磁性。

　　尖锐、非磁性和/或大的物体应通过内镜或手术从嗉囊中取出（见附录9，第174页）。

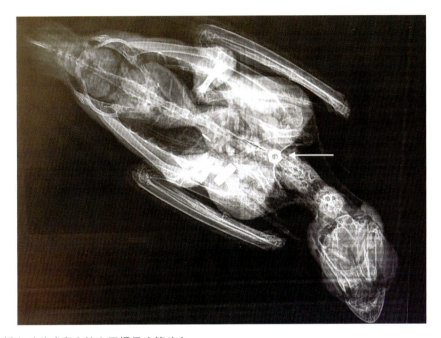

图25.4　折衷鹦鹉嗉囊内的金属螺母（箭头）。

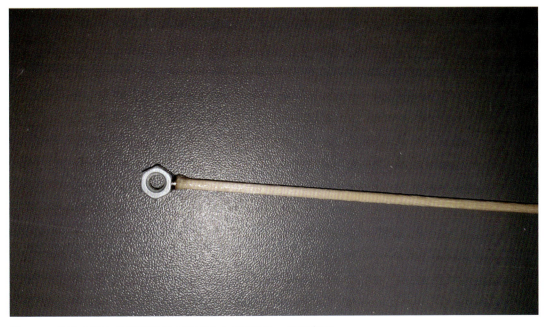

图25.5　将粘在棒上的强磁铁插入嗉囊（全身麻醉），取出螺母。

26. 嗉囊停滞

嗉囊停滞是由嗉囊阻塞或蠕动障碍引起的，当嗉囊不能排空而膨胀时就会被注意到。由于这种失调，食物在嗉囊中停留的时间过长，常见细菌或酵母菌的继发性过度生长（酸嗉囊）。特别是在猛禽中，腐烂的肉会严重威胁它们的生命。嗉囊没有吸收水分或营养的功能，因此嗉囊停滞（没有液体或食物移动到胃和肠）会导致脱水和饥饿。

从外部可以看到和/或触诊到颈部基部的肿胀（**图26.1**）。患鸟可能会虚弱无力。

嗉囊停滞可以由嗉囊本身的疾病引起（如嗉囊感染或吞食异物，**图26.2**），也可以由胃肠道其他部分的疾病或胃肠道外的疾病引起。例如，脱水、体温过低和神经系统疾病（如铅中毒、马立克氏病或鸟博尔纳病毒性神经节炎）也会导致嗉囊的运动性降低和排空。

图26.1 鸡的嗉囊停滞，注意脖子底部的肿胀。

图26.2 从嗉囊嵌塞的鸡的嗉囊内移去草。

家中的紧急处理建议

对较大的物种（如鸡）的硬的嗉囊内容物，可口服一些温水，然后轻轻按摩嗉囊，可以帮助软化嗉囊内容物，促进其进入前胃。本操作并非没有风险（鸟主人应非常小心，避免患鸟吸入水并窒息），在大多数情况下，作为唯一的治疗方法并不有效。因此，不建议进行此操作。

注意：当嗉囊充满大量液体时，即使没有额外喂水，也禁止按摩嗉囊。这会引起反流和误吸，导致严重并发症甚至死亡。

患有嗉囊停滞的鸟应保持温暖，直到抵达医院接受检查和治疗。

兽医急诊护理

嗉囊触诊
轻轻地触诊嗉囊（以防止反流），并检查内部的固体、液体内容物或异物。

显微镜检查
对嗉囊容物或新鲜的呕吐物进行显微镜检查（见呕吐，第69页）。

注意：原发性嗉囊感染并不常见，微生物过度生长通常继发于潜在（胃肠蠕动性）疾病。在微生物继发性过度生长的情况下，仅对其进行处理是不够的，还应确定根本原因并加以解决。如果在急诊就诊期间无法做到这一点，则应在稳定后将该患鸟转诊至鸟类专科兽医处。

X线检查
X线（见附录3，第144页）适用于检查是否存在不透射线的异物、占位性病变或金属颗粒（见"铅中毒"，第57页）。

如嗉囊内容物为液体，在完美摆位（镇静）的平躺鸟类中进行X线检查可能是危险的，因为有反流和吸入的风险（这种风险可以通过气管插管来最小化）。在这种情况下，把鸟放在一个透X线的容器内，通过垂直投照拍摄正位片，水平投照拍摄侧位片是一个更安全的选择。虽然这种不完美的定位导致许多身体结构在X线片上不可见，但仍然可以检查胃肠道的内容物和其他部分。

注意：即使X线片上没有可见的金属颗粒，也不能完全排除铅中毒的可能性。如果根据既往病史或临床症状强烈怀疑铅中毒，则最好在等待血液检查结果前迅速开始治疗。

非猛禽鸟类的嗉囊停滞的治疗

当嗉囊内容物是液态时，可成功通过嗉囊插管（见附录5，第160页）抽吸排空嗉囊。

微生物感染或过度生长的治疗

鞭毛虫感染可以用口服硝基咪唑类抗寄生虫药物（如甲硝唑）治疗。嗉囊中细菌过度生长时，需要使用抗生素，例如阿莫西林/克拉维酸。如果嗉囊中酵母过度生长，则需要使用抗真菌剂。制霉菌素和两性霉素B在嗉囊中酵母过度生长的情况下通常是有效的，并且由于口服后全身吸收很少，使用起来相对安全。也可以使用伊曲康唑，但会全身吸收，并可能导致更多的副作用。

注意：如果在急诊就诊期间无法通过显微镜检查直接评估微生物的存在，在嗉囊停滞的情况下，建议立即开始口服抗生素联合抗真菌药物的治疗。

在嗉囊停滞的情况下，用于治疗嗉囊中微生物过度生长的药物应口服或直接给药于嗉囊。

胃肠道蠕动刺激

胃复安适用于刺激胃肠道蠕动。在嗉囊停滞的情况下，应通过IM或IV注射甲氧氯普胺。

液体疗法

脱水可能是嗉囊停滞的原因，也可能是其并发症。为了打破这种恶性循环，并稳定嗉囊停滞的鸟类，液体治疗是必不可少的。虽然给予口服液可用于软化嗉囊内容物，但在嗉囊停滞的情况下，这无助于恢复身体的水合状态。因此，应通过肠外途径给予液体（参见第21页"液体治疗"）。

软化增稠的嗉囊内容物

口服液体可以帮助软化变稠的嗉囊内容物。为此，可以每小时通过嗉囊插管向嗉囊中注入少量盐水，然后对嗉囊进行温和的按摩（以防止反流）。可以安全给予多少盐水取决于已经存在于嗉囊的内容物的体积，在大多数情况下，至少5～10mL/kg应该是可能的。一些鸟类专家使用可乐而不是生理盐水来达到这个目的。

注意：如上所述，当嗉囊充满大量液体内容物时，禁止按摩嗉囊!这可能会引起反流和误吸，导致严重并发症甚至死亡。

保温

像脱水一样，低体温可以是嗉囊停滞的原因，也可能是嗉囊停滞的并发症。为了打破这种恶性循环，并稳定嗉囊停滞的患鸟，温暖的环境是必不可少的。患有嗉囊停滞症的鸟必须得到外部热源的适当支持（见第20页保温）。

营养

饲喂嗉囊停滞的患鸟是没有用的，嗉囊中的营养素只会刺激有害微生物的生长。当嗉囊的蠕动性改善，液体进入胃时，通过饲管开始饲喂液体食物（见营养支持，第25页）。当纤毛运动恢复时，首先用水或生理盐水测试嗉囊到胃的排空，通过注射器或通过饲管口服给予（见附录5，第160页）。

异物

应在患鸟稳定后通过内镜或手术取出异物（附录9，第174页）。

猛禽的嗉囊停滞

猛禽的酸嗉囊病是一个非常危险的情况，由于肉在嗉囊内腐烂，必须尽快清除嗉囊内容物。这可以通过将患鸟麻醉后冲洗嗉囊来完成。由于患有嗉囊停滞的猛禽常严重虚弱，这一过程并非没有风险。在使用面罩进行异氟烷/七氟烷诱导后，将气管插管置于气管中以防止吸入。随后，通过喙将柔性或刚性饲管插入嗉囊（见附录5，第160页）。因为猛禽吞食的肉块较大，所以不可能通过饲管清除嗉囊内容物。相反，将温的生理盐水或水注入嗉囊，然后将嗉囊内容物按摩到颈段食道中，最后从喙内排出。如果不可能，也可以通过内镜或嗉囊切开术清空嗉囊（见附录9，第174页）。

注意：患有酸嗉囊的猛禽可能病情严重，甚至会休克。在休克的情况下，由于吸收不良，皮下输液治疗无效。相反，建议采用静脉内或骨内输液治疗。

营养

饲喂嗉囊停滞的猛禽会使情况变得更糟。嗉囊中的肉只会刺激有害微生物的生长。应避免喂食猛禽，直至其恢复蠕动。通过饲管（见附录5，第160页）将生理盐水注入嗉囊，并定期触诊嗉囊内容物，检测嗉囊排空和液体进入胃的情况。只有当电解质溶液通过正常时，才能开始喂食。由于存在嗉囊停滞复发的风险，给予食物的稠度和体积只能逐渐增加。第一顿饭应该是液体肉糜。当排空到胃没有并发症，那下次的食物浓度可以做得更浓稠一点。食物的稠度逐渐增加，直到可以喂食正常的肉。

27. 癫痫

癫痫发作可以有许多不同的原因。原发性癫痫和继发性癫痫有区别。原发性癫痫是一种先天性疾病，没有明显的潜在病因。继发性癫痫是由于潜在的疾病而引发的。与哺乳动物一样，原发性和继发性癫痫都可见于鸟类，但继发性癫痫更常见。继发性癫痫的常见原因是中毒（例如，铅中毒，见第57页）、心血管疾病、脑部感染、低钙血症（见附录12，第184页）、创伤、低血糖和严重的肝脏或肾脏疾病。

家中的紧急处理建议

应将癫痫发作的患鸟安置在一个小笼子或盒子里，里面铺有柔软的垫材（例如毛巾），以防止其从高处坠落，并在癫痫发作过程中损坏翼尖。沙子不是一个好的垫材，因为它可能会在癫痫发作时进入眼睛。

小鸟在长时间不进食后发生癫痫（在这种情况下，排泄物将不含粪便或焦油状黑色粪便），原因可能是低血糖。在这种情况下，当癫痫发作停止一段时间后，可以将15%的葡萄糖溶液注入喙中。

注意：当鸟类仍在癫痫发作或没有完全清醒时，禁止将口服药物、食物或液体注入喙中，因为这样操作可能导致吸入和死亡。在这些情况下，绝对不能将任何东西注入喙中！

兽医急诊护理

在急诊就诊期间，应设法稳定患鸟并抑制进一步的癫痫发作。此外，任何继发性癫痫的急性威胁性的病因必须得到诊断和治疗。询问鸟主人可能的创伤、饮食、生活条件和接触有毒物质（例如铅、药物等）的病史。

X线检查

铅中毒是癫痫发作的一个相对常见的原因（见铅中毒，第57页）。X线检查（见附录3，第144页）适用于癫痫发作的患鸟，以检查胃肠道中是否存在金属颗粒。

血液检查

理想情况下，应采集血液（见第10页观察、体格检查和诊断检查和附录2，第135页），进行血液学、生化和毒理学（例如，铅浓度）检查。

注意：在非常小的物种或重病的患鸟，采血有时太危险，特别是由缺乏鸟类采血经验的兽医操作。失血过多、形成血肿、保定时间过长或过度应激可能导致小型鸟或不稳定的患鸟死亡。在某些情况下，最好不要在急诊就诊期间采血。

稳定体况

必须使用液体疗法、保温、营养支持和/或吸氧来稳定癫痫发作的患鸟（见第19页，患鸟的体况稳定）。

癫痫发作可导致反流和吸入嗉囊内容物，严重者可导致死亡。只要癫痫发作没有得到有效的抑制，口服液体治疗太危险，因此是禁忌的。在此阶段需要给予肠外液体治疗。

癫痫发作可能是由于缺氧和/或循环问题。如果没有排除缺氧/心血管疾病，那么患癫痫的鸟应该安置在氧笼中。

患有癫痫的鸟可能体温过低，需要额外的保温。另一方面，持续痉挛的患鸟可能会出现体温过高（见体温过高），在这种情况下，禁忌额外的保温。疑似脑外伤的患鸟也不宜过热，这可能会增加继发性脑损伤的风险。不受控的降温也会给鸟类带来很多风险。在这种情况下，室温可能是最安全的。

不进食的患鸟应强饲，除非它们呕吐（见第69页）或癫痫发作尚未得到有效抑制，因为癫痫发作可导致反流并吸入嗉囊内容物，导致鸟死亡。

针对疑似低血糖的患鸟（在这种情况下，排泄物通常不含粪便或含有焦油状黑色粪便），可以大剂量给予5%葡萄糖/NaCl溶液（参见第21页的"液体治疗"）。当癫痫发作停止一段时间后，可通过饲管将少量（例如，每100g体重1mL）5%葡萄糖溶液注入喙或嗉囊（见附录5，第160页）。

癫痫发作的对症治疗

如果出现癫痫持续状态、频繁和/或长期癫痫发作，可以静脉注射或肌肉注射咪达唑仑以抑制癫痫发作。

注意：对于癫痫发作的长期抑制，建议使用其他抗癫痫药物（例如苯巴比妥、左乙拉西坦）。

低钙血症

在怀疑低钙血症时，最好立即开始治疗。此外，当已采血进行（离子）钙浓度测定时，应在等待结果的同时开始治疗。低钙血症可导致病情迅速恶化，甚至死亡。

葡萄糖酸钙和维生素D_3可以通过肌肉注射给药。稳定后，可给予口服钙补充剂（见附录12）。

注意：在继发性癫痫的情况下，稳定患鸟和控制癫痫发作是不够的，因为潜在的疾病可能会变得更加严重，并在未来引起更多的问题。在许多情况下，额外的诊断检查（例如，CT扫描、血液学、血液生化、ECG和心脏超声），以诊断或排除可能的基础疾病。

28. 卡蛋/难产

卡蛋或难产，是一种雌鸟无法将蛋排出其产道的病症。卡蛋可以由异常的蛋、生殖道疾病或生殖道外的疾病引起。蛋可能有异常的大小、形状或蛋壳质量。生殖道疾病包括炎症、感染、扭转、肿瘤和狭窄等。生殖道以外的疾病包括钙代谢紊乱（见附录12，第184页）、腹壁疝、肥胖、不适当的饲养环境、不适当的饮食和占位性病变。

卡蛋的症状包括体腔/腹部肿胀、呼吸急促（**图28.1**）、肛门隆起、里急后重（无效用力）、粪便或肛门上有新鲜血液、腿麻痹、便秘、奇怪地行走和站立时分腿较宽。也可能会出现嗜睡、羽毛蓬松、站立不动和食欲下降等一般症状。如果不治疗，卡蛋会导致快速恶化和死亡。

图28.1 一只卡蛋鸟的X线片。蛋会压迫尾部气囊，从而导致呼吸窘迫。

家中的紧急处理建议

卡蛋的患鸟应安置在一个温暖、安静的环境。当泄殖腔内可见蛋时，可以用生理盐水或润滑剂润湿蛋上的黏膜。极少量的葵花子油/橄榄油也可以滴于泄殖腔起到润滑作用。即使在初步处置后排出了蛋，兽医的帮助也是必要的。如果不开始治疗或不调整饲养饮食，再次发生卡蛋的风险很大。

兽医急诊护理

　　卡蛋的患鸟通常呼吸急促，脱水和严重虚弱。由于蛋对骨盆区域神经的压迫，可能会发生腿部麻痹或瘫痪。因此，应尽量缩短保定时间。检查前将有严重呼吸窘迫的患鸟放入氧气笼中。

　　在体检期间，可以注意到体腔/腹部肿胀。卡蛋的鸟常可触诊到一个硬的、蛋形的肿物，位于体腔尾侧。不要把位于头侧的砂囊（肌胃）和蛋混淆，也要知道有没有完全钙化的蛋，这类软壳不能通过触诊与其他软组织区分开来。

X线检查

　　X线检查（见附录3，第144页），如果（怀疑）卡蛋，即使可以触诊到或甚至可以看到蛋，也必须进行X线检查。X线可以确诊卡蛋，并提供有关蛋的数量（**图28.2**）、大小、形状、蛋壳厚度和位置的信息。

　　此外，X线还能提供有关钙代谢的信息。在健康的雌性鸟类中，中空骨骼的髓腔在产蛋前会储存额外的钙。这在X线片上表现为长骨（如肱骨和股骨）的不透明度增加（**图28.3**）。在雌性激素的影响下发生骨质增生，可以是生理性的或病理性的。

　　当X线片上没有观察到卡蛋的鸟类的骨质增生时（**图28.4**），这表明钙代谢紊乱是其根本原因。

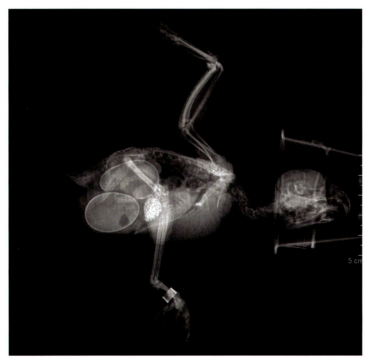

图28.2　一只2颗蛋卡蛋的和尚鹦鹉的X线片，强调了X线检查对确定确切情况的重要性。

注意：在X线片上没有可见的蛋并不排除与蛋有关的问题，因为蛋只有在外壳钙化后才能在X线片上清晰可见。如果怀疑与蛋有关的问题，可以在补充钙/维生素D后12～24h重复拍摄X线（见下一节），最好是IM。超声可以用于检测没有钙化壳的蛋。

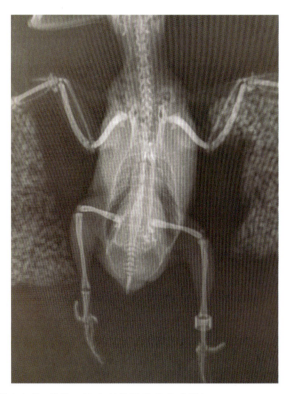

图28.3　一只多骨性骨增生鸟的X线片。注意长骨髓腔骨密度增加。

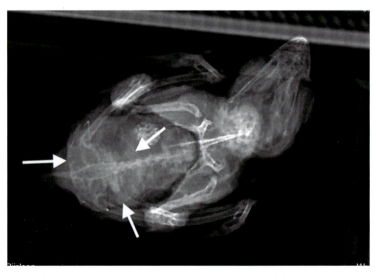

图28.4　一只清醒未保定摆位的鸟卡蛋的X线片。可见一个非常薄的蛋壳（箭头）。注意长骨没有骨质增生，表明钙代谢紊乱。

治疗

钙

钙缺乏是卡蛋的常见原因。大多数卡蛋的患鸟都能从补钙中受益。因此，开始就给予葡萄糖酸钙IM。进一步的治疗取决于以下情况。

- 情况1：卡蛋位于泄殖腔可见。
- 情况2：卡蛋伴有严重呼吸窘迫或下肢瘫痪。
- 情况3：其他情况（最常见）。

情况1：卡蛋位于泄殖腔可见

这种情况主要发生在小型鸟类中。在此种情况下，由于泄殖腔完全阻塞，患鸟的身体严重虚弱（**图28.5**）。通常干燥的黏膜会黏附在蛋壳上。

图28.5 泄殖腔中可见的卡蛋。

稳定体况

通过保温、营养支持、液体疗法和吸氧使有卡蛋的患鸟稳定（见第19页，患鸟的体况稳定）。如果患鸟长期没有进食，可通过嗉囊插管辅助饲喂，但喂食应在取出蛋后进行。否则，保定和取出蛋所需的镇静操作可能导致嗉囊内容物反流和吸入。

85

镇痛

卡蛋非常疼，建议给予止痛药。由于可能存在脱水，阿片类药物（例如布托啡诺）在急性期优于NSAID。在稳定后，NSAID（例如美洛昔康）可以代替阿片类药物或与阿片类药物一起使用。

管理

应立即用生理盐水润湿粘在蛋上的黏膜。可以使用少量润滑剂。试着用湿棉签轻轻地把蛋上的润湿的黏膜推开。当所有的黏膜都从蛋上剥离时，可以尝试轻轻地将蛋从泄殖腔中按摩出来。小心不要对软组织造成损伤，不要按压体腔/腹部。如果不能轻轻地取出蛋，可以抽出蛋的内容物并压瘪蛋壳（见附录7）。压瘪蛋壳后，用镊子、持针器或蚊式止血钳从泄殖腔中取出蛋壳，这通常很容易，但在取出蛋壳的尖锐碎片时必须小心，以免损伤黏膜。当无法抽吸压瘪蛋时，可以用蚊式止血钳将蛋壳压碎。

情况2：卡蛋伴严重呼吸窘迫或下肢瘫痪

稳定体况

通过保温、营养支持、液体治疗和吸氧等方法稳定卡蛋伴严重呼吸窘迫的患鸟（见第19页，患鸟的体况稳定）。如果患鸟长期没有进食，可通过嗉囊插管辅助饲喂，但应在取出蛋后再进行喂食。否则，保定和取出蛋所需的镇静操作可能导致嗉囊内容物的反流和吸入（见下一节）。

镇痛

卡蛋非常疼，建议给予止痛药。由于可能存在脱水，阿片类药物（例如，布托啡诺）在急性期优于NSAID。在稳定后，NSAID（例如，美洛昔康）可以代替阿片类药物或与阿片类药物一起使用。

管理

在此情况下，并发症的风险很高，例如，死亡或永久性神经损伤。在大多数情况下，可以抽出蛋内容物并压破蛋壳（见附录7），以在体腔内创造额外的空间，并减少对神经的压迫。针对有严重临床症状的患鸟，麻醉抽出蛋的内容物并压瘪蛋壳并非没有风险。在大多数情况下，成功地抽出蛋的内容物并压瘪蛋壳会快速缓解症状。

注意：慢性卡蛋，即蛋在壳腺中停留较长时间，会导致蛋壳增厚。针对具有极厚的壳抽出蛋的内容物并压瘪蛋壳是不可能的，这样做可能导致严重的并发症。

抽出蛋的内容物并压瘪蛋壳后，对厌食的患鸟应给予强饲（见营养支持，第25页）。广谱抗生素（例如，阿莫西林/克拉维酸）是因为抽出蛋的内容物并压瘪蛋壳可能导致生殖道损伤和感染。

抽出蛋的内容物并压瘪蛋壳并稳定后，蛋壳可以在1d或2d内产下。如果没有排出蛋壳，或者如果患鸟的整体情况恶化，需要通过泄殖腔或剖腹手术取出蛋壳碎片。患鸟可以转诊给鸟类专家进行此操作。

情况3：其他情况（最常见）

稳定体况

在没有严重呼吸窘迫、腿麻痹和/或泄殖腔内可见蛋的情况下，患鸟应首先使用液体治疗、保温、吸氧和营养支持来稳定（见第19页，患鸟的体况稳定）。

镇痛

卡蛋非常疼，建议给予止痛药。由于可能存在脱水，阿片类药物（例如，布托啡诺）在急性期优于NSAID。在稳定后，NSAID（例如，美洛昔康）可以代替阿片类药物或与阿片类药物一起使用。

刺激产蛋

使用前列腺素E2凝胶（地诺前列酮）在泄殖腔内给药，以诱导括约肌松弛并刺激收缩。在钙充足且健康稳定的患鸟，前列腺素E2凝胶的使用通常会引起快速产蛋。以下情况是前列腺素E2凝胶的使用禁忌：蛋黏附在黏膜上、异位蛋（体腔内游离蛋）、畸形蛋、蛋壳表面不规则的蛋（常见于极厚壳的蛋，见**图28.6**和**图28.7**），或者蛋被阻塞。

最大限度地减少应激

应激会延缓产蛋过程。卡蛋的患鸟应安置在温暖和安静的区域。

如果前述方法没有促使产蛋，可以在6h后重复钙和前列腺素E2给药。当整体稳定、钙注射、前列腺素E2凝胶和尽量减少应激无法促使成功产蛋，需要通过侵入性技术移除蛋。

侵入性技术

在大多数情况下，可以首先将位于尾部的可触及的蛋抽出内容物并压瘪蛋壳（见附录

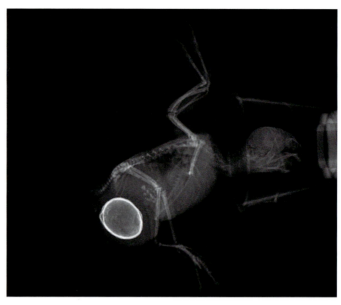

图28.6 牡丹鹦鹉的X线片，可见一个表面不规则、蛋壳厚度异常的蛋。不应该尝试抽出蛋的内容物并压瘪蛋壳和前列腺素E2凝胶，因为并发症的风险及大概率无积极作用。

图28.7 通过剖腹术取出的表面不规则的蛋（如图28.6的X线片所示）。

7，第170页）。虽然蛋壳会在1d或2d内自然产下，但针对稳定的患鸟，最好立即将蛋壳取出，以尽量减少并发症的风险。当抽出蛋的内容物并压瘪蛋壳和/或通过泄殖腔移除蛋是不可能的，应通过手术（剖腹术）取出蛋/蛋壳。

　　注意：这些都是精细的操作，需要经验。可以将患鸟转诊给鸟类专家进行这些侵入性手术。

29. 呼吸窘迫

呼吸窘迫的症状可包括呼吸急促、呼吸费力、尾巴摆动、发绀、张嘴呼吸和异常呼吸音（喘鸣/打鼾）等。

在鸟类中，呼吸急促可能是由呼吸系统疾病（如感染、过敏反应、肿瘤或气管阻塞）、心血管系统疾病或占位性病变（如体腔/腹部的游离液体，**图29.1**，蛋、肿瘤或增大的器官）压迫气囊引起的。

图29.1 腹水可引起严重的呼吸窘迫。可以通过穿刺术从体腔内抽出液体，以暂时稳定患鸟并用于诊断。

在处理呼吸窘迫的患鸟时，应尽量减少对身体的压迫，以防止限制呼吸运动。

家中的紧急处理建议

鸟主人应该尽量保持鸟平静，将其安置在一个安静、黑暗的地方。

兽医急诊护理

注意：呼吸窘迫可能是人畜共患病鹦鹉热的症状（见附录11，第183页）。

针对呼吸窘迫的病患，体格检查的目的首先是区分呼吸系统的原发性疾病或呼吸系统外的疾病，导致呼吸受影响，在大多数情况下，是因为尾部气囊被压迫。X线（见附录3，第144页）、超声或计算机层析成像（CT）非常有用。

稳定体况

吸氧

呼吸窘迫的患鸟应首先安置在氧气笼中稳定。当患鸟在氧气笼中停留较长时间时，氧气笼中的空气湿度应该足够（40%～60%），因为过度干燥的空气会导致进一步的呼吸问题。

营养和液体治疗

在多数情况下，存在严重呼吸窘迫的患鸟同时存在脱水和营养不良，需要液体治疗（见第21页），通过饲管喂食（见第25页营养支持），除非将患鸟安置于氧气笼后立即开始自主进食。严重虚弱的患鸟应在氧笼中稳定一段时间后再喂食。

诊断呼吸窘迫的原因可能相当具有挑战性。在急诊就诊期间，病情稳定的患鸟可以转诊给鸟类专家进行进一步的诊断和治疗。

体腔穿刺术

在严重体腔积液的情况下，可以通过体腔穿刺术从体腔中抽出液体，以暂时稳定患鸟并用于诊断。

这里讨论了一些具体的病例。

- 呼吸系统感染
- 肺部超敏反应
- 气管阻塞
- 吸入有毒气体

呼吸系统感染

呼吸系统感染可由细菌、真菌（如曲霉病，**图29.2**）、病毒和寄生虫引起。临床症状取决于病原体和感染涉及的呼吸系统部分。上呼吸道感染的症状可能包括异常呼吸音、流鼻涕、结膜炎、面部肿胀、打喷嚏、咳嗽、摇头和抓挠或蹭头部。下呼吸道感染可影响气管、鸣管、支气管、肺和/或气囊。气管和支气管感染的症状包括咳嗽和（突然）呼吸窘迫伴大声喘鸣。肺部感染的症状包括呼吸窘迫，但没有响亮的喘鸣、运动不耐受，以及系统性疾病的症状。在疾病的早期阶段，气囊的感染不一定会引起严重的呼吸窘迫。相反，体重减轻和系统性疾病症状更常见。当然，感染不一定局限于呼吸道的一部分，可能会影响多个区域。因此，喘鸣不能排除肺炎，突然呼吸窘迫不能排除气囊受累的可能。

图29.2 显微镜下观察曲霉菌。曲霉菌病是一种真菌感染，会影响整个呼吸系统。

兽医急诊护理

如果出现鼻或眼分泌物，则进行分泌物涂片以进行显微镜检查，并采集样本进行细菌培养和药敏试验。用干拭子采集渗出液、鼻后孔和泄殖腔样本，进行鹦鹉热衣原体聚合酶链式反应（PCR）检测。

细菌感染用抗生素治疗（例如，强力霉素或阿莫西林/克拉维酸）。在送细菌培养和药敏试验后，等待培养结果出具前即开始抗生素治疗。

真菌感染用抗真菌药物治疗（例如，伊曲康唑、伏立康唑、特比萘芬、克霉唑或两性霉素B）。

注意：理想情况下，应该在开始治疗前进行诊断。然而，在全科动物医院的急诊接诊中，这并不总是现实的。虽然呼吸窘迫可能由细菌感染以外的许多其他原因引起，但在急诊期间无法确定呼吸窘迫的病因时，可以先考虑开始抗生素治疗。

NSAID（例如美洛昔康）由于其抗炎作用而具有积极作用。

许多呼吸系统感染继发于基础疾病，如不适当的饮食或饲养方式。如果不纠正，呼吸窘迫或其他身体或精神健康问题可能会复发。

肺部超敏反应

肺部超敏反应（过敏性哮喘发作）可引起突发和严重的呼吸窘迫。超敏反应在生活在室内多尘环境中或与其他鹦鹉（特别是凤头鹦鹉）一起生活的金刚鹦鹉中特别常见。临床症状包括呼吸窘迫、张嘴呼吸和异常呼吸音。通常，在常规体格检查中不会发现进一步的异常。

兽医急诊护理

将有肺部过敏反应的患鸟置于氧气笼内。支气管扩张药物（例如沙丁胺醇），通过扩张支气管可立即缓解过敏反应的症状。NSAID（例如，美洛昔康）也可以给予，由于其抗炎作用而具有积极作用。

气管阻塞

气管阻塞可导致危及生命的呼吸窘迫，在大多数情况下，张嘴费力呼吸，伴有响亮的喘鸣。气管阻塞通常由真菌感染或吸入种子/种子壳引起，但也可能由外创、狭窄形成（例如气插管后的术后并发症）、肿瘤和吸入药物、鹦鹉奶粉或嗉囊内容物引起。

兽医急诊护理

如果将有气管阻塞症状的患鸟放入氧气笼中不能迅速显著减轻呼吸窘迫症状，则放置气囊插管（见附录6，第165页）以稳定病情。鸟类可以通过气囊插管进行有效的呼吸，如**图29.3**。

图29.3 麻醉后的非洲灰鹦鹉通过气囊插管呼吸。

气囊插管可以立即缓解气管阻塞患鸟的呼吸，除非下呼吸道有进一步的病变（肺或气囊疾病）。由于气囊插管不能解决呼吸窘迫的原发原因，并且只能留置几天，因此应将患鸟转诊给鸟类专家进行进一步诊断（如气管内镜检查、X线和/或CT扫描）和稳定后的治疗。

吸入有毒气体

吸入有毒烟尘、气体或烟雾可导致呼吸道中毒而引发呼吸窘迫（见"吸入性中毒"，第55页）。

30. 跌倒、姿势异常和动作异常

跌倒、姿势异常和动作异常不是特定疾病的症状，但可以由许多因素引起，包括骨科疾病，如关节炎（**图30.1**）、骨折或脱臼（见肢体位置异常：骨折和脱臼，第101页）、心血管疾病、神经系统问题［例如，外伤、中枢神经系统感染、肿瘤、中风或中毒（见第55页）］、卡蛋（见第82页）、低钙血症（见附录12，第184页）、痛风（**图30.2**）或爪部皮炎（脚垫病）（**图30.3**）等。

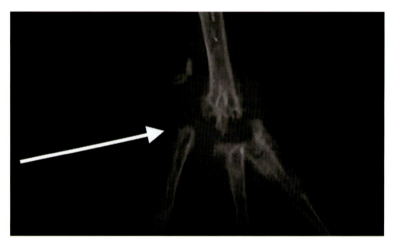

图30.1 绿头鸭化脓性关节炎伴跖趾关节骨溶解（箭头）。

图30.2 肾衰竭导致的痛风。注意关节周围的白色肿胀。

图30.3 爪部皮炎（脚垫病）。

家中的紧急处理建议

应通过移除高处的栖木来预防外伤。一根栖木应该放在笼子底部的上方。底部应该用柔软的垫子或毛巾覆盖。应该将那些总在笼子的栏杆上爬得很高的患鸟安置在一个小笼子或运输箱里。

兽医急诊护理

注意：神经系统疾病可能是人畜共患病鹦鹉热的症状（见附录11，第183页）。

既往病史、体格检查和进一步诊断的目的是诊断或排除中毒（见第55页）、卡蛋（见第82页）、低钙血症（见附录12，第184页）和骨科疾病，如关节炎、骨折和脱臼（见肢体位置异常，第101页）、痛风、肿瘤和爪部皮炎（脚垫病）。

稳定体况

通过保温、营养支持、液体疗法和吸氧稳定患鸟（见第19页，患鸟的体况稳定）。存在呼吸窘迫或不能排除心血管疾病时，需要给予吸氧。

进一步的治疗取决于病因（见前面提到的具体章节和附录）。

31. 瘫痪

瘫痪是指身体某一部分肌肉功能的丧失。瘫痪是由神经系统疾病引起的，如脊髓或周围神经的创伤、中风、中毒、神经系统的肿瘤，也可能是卵黄或体腔/腹部的肿物/肿瘤对神经的压迫。

图31.1 双下肢瘫痪的虎皮鹦鹉。

圈养的非老年鹦鹉（**图31.1**）双下肢瘫痪的常见病因为铅中毒。在野生鸟类中，背部和脊髓的创伤是导致双下肢瘫痪的一个常见原因。肉毒杆菌中毒常常导致水禽瘫痪。马立克氏病常导致雏鸡瘫痪。

兽医急诊护理

病史收集、体格检查和进一步的诊断，最初是为了诊断或排除铅中毒（见第55页）、卡蛋（见第82页）和外伤（见肢体位置异常：骨折和脱臼，第101页）。

注意：多数鸟类在体格检查时对疼痛刺激反应不明显。骨折或脱臼导致的腿部功能丧失可被误认为瘫痪。

X线检查

X线检查（见附录3，第144页）或计算机层析成像（CT扫描）是指在瘫痪的情况下检查骨折和脱臼（见肢体位置异常：骨折和脱臼，第101页），胃肠道中的金属颗粒，体腔中蛋壳钙化的蛋或占位性病变（例如，肿瘤）。

稳定体况

根据瘫痪的原因，患鸟的体况可能是患有危及生命的疾病，也可能是完全稳定的。如果有必要的话，可以通过营养支持、液体治疗、保温和吸氧进行体况稳定（见第19页，患鸟的体况稳定）。

注意：因为在紧急情况下往往无法排除铅中毒，在治疗非老年圈养鹦鹉的双侧下肢瘫痪的病例时，可以将铅中毒作为考虑因素，以免无法确诊其他病因。

疼痛管理

如果确定有外伤的话，建议使用非甾体抗炎药（如美洛昔康）镇痛和减轻神经水肿。在严重神经疼痛的情况下，需要使用阿片类药物（如布托啡诺、曲马多）和/或其他镇痛药（如加巴喷丁）。

32. 眼睛异常或闭眼
（无法或不愿意睁开眼睛）

眼睑可能会因疼痛（**图32.1**）、肿胀或渗出而闭合。导致眼睛闭合的疾病可能是头部外伤或角膜及眼睑的感染、结膜囊异物、眼球内问题（例如葡萄膜炎，即眼睛内部的炎症反应）或肿瘤等。角膜异常和眼内疾病也会改变眼睛的外观。

图32.1　绿颊锥尾鹦鹉的眼睑痉挛。

家中的紧急处理建议

如果眼睑被干燥的渗出物粘在一起，鸟主人可以尝试反复滴入生理盐水，用棉签轻轻擦拭，去除表面的结痂。鸟主人不应该触摸眼睛，只能触摸外部眼睑。触碰角膜可能会导致严重的并发症。

兽医急诊护理

注意：结膜炎可能是人畜共患病鹦鹉热的症状（见附录11，第183页）。

为了避免感染或异物对角膜造成进一步的损伤，必须打开紧闭的眼睑进行眼部检查。在眼睛疼痛时，麻醉是很必要且有用的。

如果眼睑粘住了，可以滴生理盐水来软化干燥的分泌物。接下来，可以用湿棉签轻轻翻开眼睑，但一定不要对角膜施加任何压力。

眼部检查和其他伴侣动物一样。荧光素染色可用于显示角膜损伤。

在有炎症的情况下，可以采集样本进行细菌培养和药敏试验。可以用干燥的棉签采集渗出液、分泌物和泄殖腔样本，进行鹦鹉热衣原体聚合酶链反应（PCR）检测。

在严重鼻窦炎伴眶下窦肿胀并有波动感的病例（**图32.2**），可以刺穿鼻窦并抽吸液体内容物来得到即时缓解，并进行显微镜检查和细菌学/PCR检测。如有实质性内容物，可在麻醉下给眶下窦做一个小切口，移除干酪样脓块/渗出物或针对组织肿物进行活检。

应小心清除异物和渗出物，最好用生理盐水冲洗。

注意：角膜炎很严重时，增厚和受损的角膜类似于黏稠的渗出物（**图32.3**）。试图清除这些组织可能会导致角膜穿孔，因此不要一开始就进行这项操作。

图32.2 眶下窦肿胀致闭眼。

图32.3 由真菌（曲霉菌）和细菌感染引起的北京鸭的角膜炎。

抗生素

在细菌性结膜炎和角膜炎的病例中，需要局部或系统性使用抗生素。在鼻窦炎或葡萄膜炎的情况下，则需要系统性地使用抗生素。

抗炎镇痛药

由于系统性的吸收作用和严重的副作用，皮质类固醇是禁用药。非甾体抗炎药（如美洛昔康）对炎症或其他引起疼痛的疾病起到抗炎和镇痛的作用。

如出现眼球内的异常感染，应转诊到鸟类专科医生或眼科医生处。

33. 肢体位置异常：骨折和脱臼

在 大多数情况下，腿和翅膀的位置异常（**图33.1**）是由于疼痛、骨折、关节脱臼/脱位或瘫痪（见瘫痪，第96页）。关于鸟类骨骼的解剖，见第192页解剖学。

图33.1 金刚鹦鹉翅膀下垂，表明翅膀有严重疼痛和/或骨科疾病。

骨折在鸟类中很常见。在野生鸟类中，骨折通常发生于碰撞或外伤，会对健康强壮的骨骼造成影响。在家养鸟类中，骨折通常是由外伤引起的，受骨质疏松症影响出现骨折的概率相对较小。后者通常是由缺乏钙、维生素D3和UV-B光照引起的。骨折是非常疼痛的（尽管鸟类并不总是表现出这种疼痛），如果皮肤也受损（开放性骨折），可能会引起外部或内部出血，导致大量失血和感染。

关节错位或脱臼也是由外伤造成的。膝关节和跗关节脱臼通常是由牵拉和扭转造成的，而不是由高速撞击造成的。与骨折相比，关节脱臼很少造成内伤和失血或严重血肿。关节脱臼非常疼痛，除了对关节本身造成损伤外，还会导致血液循环、皮肤和软组织出现问题。

家中的紧急处理建议

如果肢体位置异常，鸟主人应该做些什么，这取决于身体的哪个部位受到影响，特别是在骨折的情况下，受损骨骼部位的皮肤是否有穿透伤。

只要骨折部位的皮肤没有受损（闭合性骨折），就没有感染的风险。重要的是要防止受伤的身体部位进一步受损。骨折的尖锐边缘会对周围的软组织造成损伤，并可能从内部刺穿皮肤。身体受伤部位活动得越少越好。起到固定和支撑作用的包扎可以帮助避免疼痛和并发症。然而，不正确地使用绷带会导致严重的并发症。

在闭合性骨折和腿部关节错位或脱臼时，没有经验的宠主不应使用绷带包扎。为尽量减少受伤腿的使用和移动，应将受伤的鸟放在一个小的运输笼中；如果是温顺的鸟，则应轻轻地抱着它。

当翅膀闭合性骨折（尤其是肱骨，导致翅膀下垂）时，尖锐的骨断端刺穿皮肤的风险很大。固定受伤的翅膀可以降低这种风险。对鸟主人来说，最简单的方法是使用身体包扎或把翅膀尖粘在一起（见附录8，第171页）。

如果腿部骨折或脱臼（开放性骨折或脱臼）部位的皮肤已经受损，保护骨骼免受污染和坏死是至关重要的。细菌感染会影响骨骼的愈合，预后通常较差。宠主应戴上无菌手套，防止手上的细菌污染伤口，并用无菌纱布覆盖伤口，最好用无菌生理盐水浸湿。可以用一层宽松的弹性绷带固定纱布。在严重的情况下，骨头碎片会从伤口中戳出，保持纱布湿润有利于防止骨骼干燥和坏死。为减少患鸟腿部的承重和移动，应将患鸟放在一个小的运输笼中。如果患鸟平静且温顺，则应轻轻地抱着。

在开放性翅膀骨折病例中，如果没有骨头断端从伤口中戳出，那骨坏死的风险就很小。对患鸟进行急救的措施如前闭合性骨折所述，但要戴上无菌手套，以防止手部细菌污染伤口。在开放性翅膀骨折中，骨头断端刺穿皮肤，保护骨骼免受感染和坏死是至关重要的。鸟主人应戴上无菌手套，用无菌纱布覆盖伤口，并用无菌生理盐水溶液湿润。身体包扎应该用来固定纱布，并防止翅膀移动。平静和温顺的鸟可以被主人温柔地抱着。

兽医急诊护理

大多数骨折和脱臼可以通过仔细的触诊和检查来确定（**图33.2**）。然而，在某些情况下，软组织肿胀、血肿和肌肉的遮挡会使这种方法具有挑战性，特别是在髋关节脱臼或股骨近端骨折时。通过触诊区分脱臼和关节附近骨折并不总是可行的。

注意：大多数鸟类在体格检查时对疼痛刺激没有明显的反应。骨折或脱臼引起的腿部功能丧失可能会被误认为瘫痪。

X线检查

明确诊断需要X线检查（见附录3，第144页）或计算机层析成像（CT）。在发生骨折

图33.2 翅尖的抬高（本病例，欧洲金翅雀）可能是乌喙骨骨折的表现。

的情况下，最佳的治疗方法取决于骨折的确切位置和类型。

注意：在急诊就诊期间，并不总是需要直接拍摄X线或CT扫描。特别是，在急诊治疗后，可以转诊给有骨科经验的兽医。X线或CT扫描可以由专科兽医进行，而不是在急诊就诊时进行。这样，受伤的鸟类就不会暴露在不必要的风险中，而且在专科医院更有可能获得最佳的X线摆位。

稳定患鸟，适当的镇痛和预防感染比治疗骨折或脱臼更重要。

稳定

液体治疗（见第21页）适用于外部或内部失血（包括严重血肿）的情况。受伤的野生动物可能长时间拒食，并极度虚弱（见在严重呼吸窘迫、虚弱和休克的情况下稳定鸟类的快速指南，第19页）。

镇痛

骨折和关节脱臼是非常疼痛的，需要使用镇痛药（如美洛昔康、布托啡诺或曲马多）。在大量失血（＞体重的1%）可能导致低血容量和肾功能下降的情况下，应谨慎使用非甾体抗炎药，直到血液循环得到充分恢复。

骨折

对于开放性骨折，必须立即开始系统性抗生素治疗（如阿莫西林/克拉维酸）。应将异物（羽毛、垫料、植物碎屑等）从伤口中清除。即使伤口已经感染，也要使用无菌手套和无菌器械。如果伤口不新鲜，则取样本进行细菌学检查。然后用大量温热的生理盐水冲洗伤口。注意不要将液体冲入通气骨的髓腔，如肱骨和股骨，因为这可能导致呛水或感染扩散到呼吸系统。伤口用稀释聚维酮碘（1%溶液）消毒1次。因为所有的骨骼都必须被软组织覆盖，以防止骨骼组织坏死，所以穿破皮肤的骨骼部分必须被纳回至皮肤下。切除失活的伤口边缘，用单股缝合线缝合皮肤。

骨折断端的稳定

固定和支持性包扎或夹板可以帮助减少并发症和不必要的疼痛（见附录8，第171页）。

注意：在某些情况下，正确使用夹板包扎是最终治疗的最好选择。例如髓腔小于0.6mm的骨骼骨折（极小体形物种的所有骨骼或小体形物种的小型骨骼），肩带骨折，腕掌骨骨折，大多数物种的跗跖骨骨折，以及未脱臼的桡骨或尺骨单独骨折（非桡骨和尺骨同时骨折）。如果这意味着永久治疗而不是临时固定，则应检查包扎外固定后骨骼碎片的对齐情况。

大多数骨折最好的永久性治疗方法是手术，而不是用包扎或夹板固定。手术提供了功能恢复和无痛恢复的最佳机会。为此，患鸟可以转诊到骨科技能熟练的鸟类兽医那里。

股骨

由于鸟类的解剖结构，通常很难用包扎给股骨骨折做固定。幸运的是，大腿上的骨头通常有足够的软组织保护，能防止骨骼碎片戳穿皮肤。在股骨骨折的情况下，急诊就诊期间不使用包扎做外固定。

小腿

　　膝关节远端骨折（胫跗骨，**图33.3**；跗跖骨，**图33.4**；趾骨）可以通过包扎或夹板适当固定。

　　对于较大的鸟类，可以使用罗伯特琼斯包扎，由一层薄薄的填充物组成，上面覆盖有弹性自黏绷带或胶带。由木材、塑料、克氏针、合成树脂等材料制成的硬夹板。固定骨折近端和远端关节的效果最好，但对于胫跗骨骨折，这并不总是可行的，因为膝关节和大腿内侧贴在体壁上。包扎不应该做得太沉或太笨重，因为这会导致并发症。关节应固定在放松姿势下正常弯曲的位置，使鸟站立时带夹板的腿不长于另一条腿，这大大减轻了患鸟的不适感，并降低了由于腿部负荷异常引起并发症的风险。

　　在小型鸟类中，可以用胶带和夹板固定小腿的骨折。

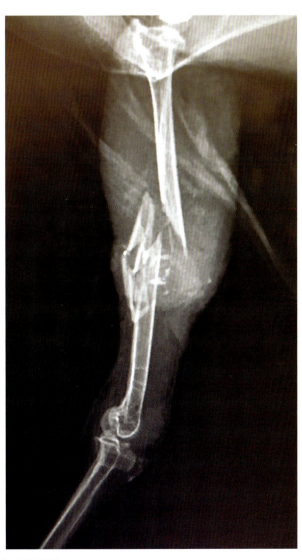

图33.3　枪击致胫跗骨粉碎性骨折。

图33.4 仓鸮跗跖骨骨折，采用罗伯特琼斯包扎固定，包括跗跖骨–趾骨关节和跗关节。

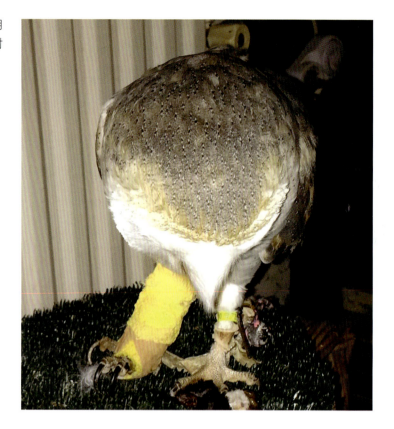

翅

肘关节远端骨折（桡骨、尺骨或腕掌骨，**图33.5**）可以用"8"字包扎固定。

肱骨（**图33.6**）不能用"8"字包扎固定。在肱骨骨折时，可以使用身体包扎或将翅尖黏在一起以保持稳定。将翅尖黏在一起不如身体包扎有效，但在紧急情况下是有用的。

关节脱位/脱臼

由专业兽医提供紧急护理

稳定

液体治疗（见第21页）适用于外部或内部失血（包括严重血肿）的情况。受伤的野生动物可能长时间拒食，并极度虚弱（见在严重呼吸窘迫、虚弱和休克的情况下稳定鸟类的快速指南，第19页）。

镇痛

关节脱臼非常疼痛，需要使用镇痛药物（如美洛昔康、布托啡诺或曲马多）。

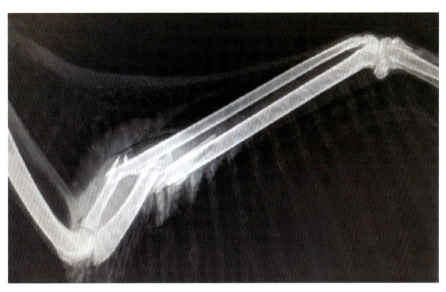

图33.5 一只疣鼻天鹅桡骨和尺骨骨折。

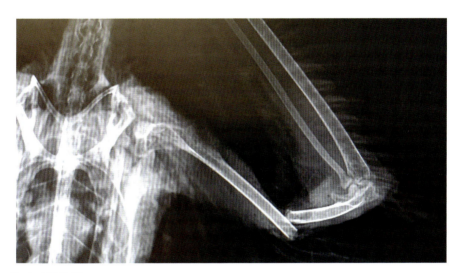

图33.6 海鸥肱骨骨折。

复位

在患鸟整体稳定后，尽快使脱臼复位以减少继发性问题是很重要的。

注意：急性脱臼闭合性复位具有挑战性，甚至是不可能的。要小心不要造成骨折等额外的损伤。比起没有经验的兽医试图复位具有挑战性的脱臼来说，最好能转诊给专业的鸟类兽医。

由于肌肉紧张，复位是很疼而且困难，因此应在全身麻醉（如异氟烷/七氟烷）下进行，并适当给予止痛（如美洛昔康和布托啡诺）。

固定和支撑性包扎或夹板有助于减少再次脱臼的风险，见附录8，第171页。

肩关节脱臼

肩关节脱臼非常不稳定，可能涉及肱骨或肩带骨折。复位相对容易，但再次脱臼是很常见的。肩关节可以通过使用"8"字包扎和身体包扎来固定。由于有时可能需要开放性复位和手术来固定关节，因此需要转诊专科。

肘关节脱臼

将肘关节弯曲，同时桡骨和尺骨也要做旋转的动作。在靠近关节的桡骨近端背侧施加压力，桡骨头侧将会被推回原位。然后，将肘关节再次伸展，以期使尺骨和关节的其余部分正常对齐。通过使用"8"字包扎结合身体包扎来固定肘关节。

掌、掌指关节和指间关节（翅膀）脱臼闭合复位后，可以用"8"字包扎固定关节。

髋臼/髋脱臼

头背侧脱臼是最常见的。将腿外旋，将股骨近端推向髋臼。固定住腿，同时在股骨粗隆内侧施加一些压力，可使脱臼复位。复位成功后，把受影响的腿（弯曲的膝盖和跗关节）做个身体包扎，可以防止外旋和再脱臼。如果复位不成功，则需要转诊给专家进行复位和手术固定。

股胫关节/膝关节脱臼

由于该关节在韧带断裂后不稳定，一般情况下，不通过手术无法将膝关节脱臼复位并成功固定，需要转诊给专科医生进行开放性复位和手术固定。

胫腓−跗跖关节/跗关节脱臼

急性脱臼闭合性复位通常并不困难。常见再次脱臼，但使用固定包扎（大物种使用的罗伯特琼斯包扎或小物种使用的胶带夹板）可以非常成功地避免再次脱臼。如果闭合复位和固定不成功，则需要转诊给专家进行复位和手术固定。

跖−趾和趾间关节（腿）脱臼

闭合复位后，可以用包扎固定关节。在跖−趾关节脱臼时，包扎应包扎整个爪部（直到跗跖骨近端，可以使用夹板）。在远端趾间关节脱臼时（**图33.7**），用胶带制成的夹板就足够了。对于更近端脱臼，可能需要包扎整个爪部。

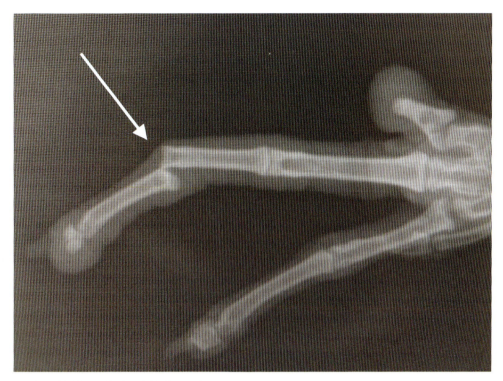

图33.7 灰冠鹤趾间关节脱臼（箭头所示）。

34. 上颌过度伸展/腭骨脱臼

鸟类的颅骨和下颌的解剖结构比哺乳动物的头骨要复杂得多。鹦形目鸟在上颌和额骨之间有一个关节，使得除了下喙可以活动外，上喙也能活动。腭骨的运动与上颌的运动一致。外伤或啃咬大而坚硬的物体可导致上颌过度伸展和腭骨脱臼，腭骨卡在眶间隔上，从而使喙部无法闭合（**图34.1**）。虽然过度伸展是可能自愈的，但多数情况下不会自愈。鸟的上颌过度伸展就不能控制物体或食物，导致营养摄入减少。

图34.1 上颌过度伸展/腭骨脱臼的蓝黄金刚鹦鹉。

兽医急诊护理

稳定体况

根据疾病的发展程度，可以采用液体治疗、营养支持和保温来整体稳定（见第19页，患鸟的体况稳定）。

疼痛管理

镇痛药（如美洛昔康和布托啡诺）是可以使用的，因为疾病和治疗都会带来疼痛。

上颌过度伸展的治疗

为了使上颌骨正常活动，腭骨应该从眶间隔中释放出来。在全身麻醉（如异氟烷/七氟烷）和足够的镇痛（如美洛昔康和布托啡诺）下，通过眶下窦插入克氏针。切入点在眼睛的头侧和喙的尾侧。由于眶下窦在此处未被骨覆盖，因此可触诊到柔软的凹陷。克氏针至少应该插入到中线以上，也可以横向穿过两个眶下鼻窦，一直穿过对侧皮肤。正确放置克氏针于腭骨背侧（**图34.2**和**图34.3**）。

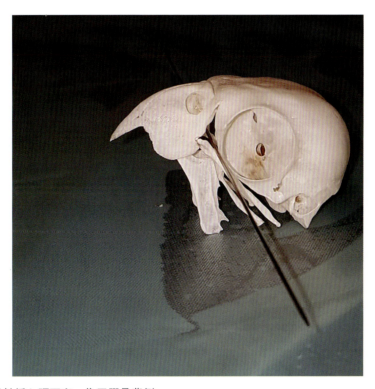

图34.2 将克氏针插入眶下窦，位于腭骨背侧。

为了将腭骨从眶间隔中移动出来，将上颌骨更多地伸展一点，然后向腹侧推克氏针。复位成功后，上颌立即恢复正常活动能力（**图34.4**）。

术后护理

为防止复发，1～2周内不应让患鸟攀爬或咬坚硬的（食物）物体。应提供小块或软的食物，并应持续使用止痛药（如美洛昔康）1～2周。

图34.3　一只患有上颌过度伸展/腭骨脱臼的蓝黄金刚鹦鹉在麻醉下眶下窦插入克氏针。

图34.4　复位成功后，上颌立即正常闭合。

　　如果手术后反复复发，可以在眼眶腹侧周围（要特别小心，以免损伤眼睛）和颈椎骨缝合。用胶带封住鸟嘴几个小时也可以防止很快复发，但是，它也让鸟无法吃喝，并且在呕吐反流的情况下造成致命的危险。

35. 排泄物异常

鸟类的排泄物通常由粪便、尿酸结晶（尿酸盐）和水样尿液组成。粪便的颜色和稀稠度随饮食而变化。大多数鸟类的粪便质地都很硬，呈绿色或棕色。猛禽和猫头鹰的粪便通常颜色较深。新鲜粪便中的尿酸盐应始终呈白色（不新鲜粪便中的尿酸盐可能因与粪便接触而被染色）。

本章讨论下列类型的异常排泄物。

（1）粪便量明显减少。
（2）黑色的粪便。
（3）粉红色的尿酸盐。
（4）黄/绿色的尿酸盐。
（5）新鲜的血液。
（6）腹泻。

粪便量明显减少

当粪便量明显减少时（**图35.1**），排泄物主要由尿酸盐和水样尿液组成。可能存在少量的深绿色胆汁。在大多数情况下，粪便量的减少是由食物摄入量的减少引起的。食物摄入量的减少可能是由于缺乏食物，由于疾病导致食欲下降或身体问题而无法消化食物。除了食物摄取量减少外，粪便量减少还可由呕吐（见第69页）、嗉囊停滞（见第74页）、便秘、卡蛋（见第82页）、肠蠕动减少或肠梗阻引起。

家中的紧急处理建议

鸟主人应该提供它们最喜欢的食物，并试图刺激/鼓励鸟进食。能量的摄入是最重要的，在最初的短期内，只要提供的食物是无害的，其确切的营养成分是次要的。例如，可以给鹦鹉喂葵花子或小米。当家养的鸟完全不吃东西，但很清醒时，可以用勺子或注射器将液体食物喂进鸟嘴里（从鸟嘴的侧面，而不是直接喂进喉咙，因为这可能导致误吸和死亡）。一般来说，每100g体重摄入2mL流食足以在短期内预防因食欲不振引起的严重并发症。

图35.1 排泄的粪便量减少。

兽医急诊护理

通过营养、液体治疗、保温和（在呼吸窘迫的情况下）吸氧来稳定厌食的患鸟（见第19页，患鸟的体况稳定）。在这种情况下，摄入能量和液体是必不可少的，当鸟类不再自主进食和不再产生粪便时，应立即进行辅助（强制）饲喂。

呕吐的对症治疗

如果出现恶心，在人工喂食之前，应使用胃复安或马罗匹坦（注射剂型）。

食欲不振和厌食是疾病的非特异性症状。因此，在病情稳定后，应进行全面的体格检查，以诊断粪便量明显减少的根本原因。进一步的治疗取决于病因。

黑色的粪便

粪便变黑（**图35.2**）可能是由于存在被消化的血液。这在食肉的鸟类中是正常的。在其他物种，粪便变黑可能是口腔、喉咙、食道、嗉囊、前胃（腺胃）、胃（肌胃）或小肠出血的表现。口腔、食道、咽喉或嗉囊出血通常会导致呕吐或喙部有带血的分泌物，所以当没有这些症状时，粪便呈黑色很可能是由前胃、肌胃或小肠出血引起的。除了小肠或胃部炎症、肿瘤、异物、中毒和肝脏疾病等原因外，粪便变黑也可能是由于厌食引起的——尤其是小鸟，它们肠道内缺乏食物超过24h会出现肠道自发性出血（出血性素质）。在这种情况下，粪便量减少将先于颜色变黑。除非出血起源于口腔或明显由厌食症引起，否则诊断胃肠道出血的原因可能具有挑战性。

图35.2　黑色粪便表示胃肠道出血。

家中的紧急处理建议

当黑色粪便是因厌食症引起时，鸟主人应该提供它们最喜欢的食物，并试图刺激/鼓励鸟进食。能量的摄入是最重要的，在最初的短期内，食物的确切营养成分是次要的，只要提供的食物无害即可。例如，可以给鹦鹉喂葵花子或小米。当家养的鸟完全不吃东西但很清醒时，可以用勺子或注射器将液体食物喂进鸟嘴里（从鸟嘴的侧面，而不是直接喂进喉咙，因为这可能导致误吸和死亡）。一般来说，每100g体重摄入2mL流食足以在短期内预防因食欲不振引起的严重并发症。

兽医急诊护理

稳定体况

有黑色粪便的患鸟必须给予液体治疗、保温和营养支持来稳定（见第19页，患鸟的体况稳定）。患厌食症鸟的粪便是黑色，应立即辅助（强饲）喂食。

诊断

除非已确定没有进食黑色粪便的原因，否则应在稳定后进行全面的身体检查，以诊断黑色粪便的原因。

X线

X线（见附录3，第144页）用于检查是否存在不透X线的异物、占位性病变或金属颗粒（见"铅中毒"，第57页）。

115

粪便检查

取粪便样本进行显微镜检查（见附录4，第157页）。

血液测试

理想情况下，应采集血液（见观察、体格检查和诊断试验，第10页和附录2，第135页），用于血液学、生物化学和毒理学检测。

注意：对于非常小的鸟类或病重的患鸟，采血有时太危险了，特别是对于那些没有接受过鸟类采血训练的兽医。失血过多、血肿、保定时间过长或应激过大都可能导致小体形或容易应激的患鸟死亡。在某些情况下，最好不要在急诊就诊期间采血。

治疗

保护剂

硫糖铝（与其他药物或食物分开2h服用）可以通过在胃肠道溃疡上形成保护层来帮助阻止胃肠道出血。

呕吐的对症治疗

如出现呕吐，应使用止吐药（如马洛匹坦）。胃复安是胃肠道出血的禁忌药。

抗生素

只要没有确定其他非细菌感染性原因，就可以考虑抗生素治疗（如阿莫西林/克拉维酸或复方磺胺甲噁唑）。这类药物在有细菌感染的情况下可以发挥作用，同时存在其他原因引起的黑粪症时，抗生素也可以防止继发性的细菌过度增殖。

较大的患鸟可以转诊给鸟类专家做胃镜检查。

黄色或绿色的尿酸盐

新鲜粪便中尿酸盐呈黄色或绿色（**图35.3**），提示可能患有肝脏疾病。肝脏疾病可能由感染（包括鹦鹉热）、肝脏脂质沉积症（脂肪肝）或肿瘤引起。由于与粪便接触，不新鲜粪便中的尿酸盐可能会被染色。

兽医急诊护理

注意：黄色或绿色尿酸盐可能是人畜共患鹦鹉热的症状（见附录11，第183页）。

诊断

诊断黄色或绿色尿酸盐的原因具有挑战性。X线检查（见附录3，第144页）、血液检查（见观察、体格检查和诊断测试，第10页）、超声检查和肝脏活检可能都是必要的，但在大多数情况下，不可能在急诊就诊期间进行。用干拭子从鼻后孔和泄殖腔中采集的样本可提交进行鹦鹉热衣原体（鹦鹉热）聚合酶链反应（PCR）检测。

理想情况下，应采集血液（见观察、体格检查和诊断试验，第10页和附录2，第135页），用于血液学和生化检测。

注意：对于非常小或病重的患鸟，采血有时非常危险，特别是对于那些没有受过鸟类采血训练的兽医。失血过多、血肿、保定时间过长或应激过大都可能导致小体形或容易应激的患鸟死亡。在某些情况下，最好不要在急诊就诊期间采血。

图35.3 右侧为带有黄色尿酸盐的粪便。

治疗

稳定体况

带有黄色或绿色的尿酸盐的患鸟通常病得很重，应该用保温、液体治疗和营养支持来稳定体况（见第19页，患鸟的体况稳定）。

抗生素

对于存在细菌感染或鹦鹉热，以及存在不明原因的黄色或绿色的尿酸盐的患鸟，可以考虑使用抗生素治疗。在怀疑鹦鹉热的情况下，多西环素是首选抗生素，应在检查结果出来之前开始用多西环素治疗。

注意：多西环素肌肉注射会对注射部位造成严重损伤，只有在无法口服给药或口服无效的情况下才应考虑注射（例如呕吐、嗉囊排空迟缓、父母反刍喂食幼鸟或无法捕捉和保定的患鸟）。

当排除鹦鹉热时，阿莫西林/克拉维酸可能是更好的选择，因为多西环素具有潜在的肝毒性，特别是在肝功能已经下降的情况下。

注意：血液化学是诊断黄色或绿色尿酸盐病因的重要诊断工具。谷草氨酸氨基转移酶（AST）是肝细胞损伤的重要标志物。遗憾的是，AST不仅存在于肝细胞中，也存在于肌肉细胞中。

肌内注射引起的肌肉损伤会引起血液中AST的升高。当血液采集推迟到最初的急诊治疗之后，不进行肌肉注射将使后期血液化学的解读更加可靠。当然，提高生存概率是最重要的，必要时应给予注射以稳定急诊患鸟。

腹泻

腹泻（非常稀的粪便，**图35.4**）应该与鸟类的多尿（高度水样的尿液）相区分。

腹泻可能有多种原因，包括感染（细菌、寄生虫、病毒、酵母菌和衣原体）、中毒和肝脏疾病。腹泻可因失去水分、电解质和营养物质而导致营养不良、脱水和体温过低。

家中的紧急处理建议

患有腹泻的鸟类会丢失大量水分。应随时为鸟类提供干净的饮用水，以弥补体液的丢

图35.4 腹泻。

失。多喝水可以预防或减少脱水。鸟主人不应该为了避免腹泻而停止供应食物，因为这可能会导致更危险的情况。

兽医急诊护理

注意：腹泻可能是人畜共患病鹦鹉热的症状（见附录11，第183页）。

粪便检查

取粪便样本进行显微镜检查（见附录4，第157页）。

如果在急诊期间无法进行完整的粪便检查，则保留粪便样本和涂片以供后续检查。

一种细菌（单一菌群）的过度生长，例如梭状芽孢杆菌（形成内生孢子的细菌，有时类似迷你网球拍）的过度生长，可能与异常排泄物有关。

不幸的是，并不是所有的致病菌都可以通过显微镜检查或形成单一菌群来识别。另一方面，异常菌群并不总是与临床相关，可能继发于其他潜在的疾病。在怀疑细菌感染时，可将粪便样本送往实验室进行细菌培养和药敏试验。

119

注意：大多数鸟类的肠道都有细菌菌群，所以大多数鸟类的粪便中存在细菌是正常的。

寄生虫感染在野生鸟类（在许多情况下与临床无关）和室外鸟舍鸟类（通常与临床相关）中相当常见，但在室内生活的鸟类中不常见（通常与临床相关）。

酵母过度生长可能与临床相关，但在大多数情况下继发于其他潜在疾病或免疫系统受损。

X线检查

X线（见附录3，第144页）或计算机层析成像（CT）可用于检查胃肠道中是否存在金属颗粒（见"铅中毒"，第57页）、器官肿大、胃肠蠕动异常或肿物等。

治疗

稳定体况

用营养支持、液体治疗和保温来稳定腹泻的患鸟（见第19页，患鸟的体况稳定）。由于胃肠道功能可能较差，至少一半的液体应经肠外给予。另一半可以通过口服补液（ORS）的形式，如NaCl/2%葡萄糖通过饲管注入嗉囊（见附录5，第160页）。在嗉囊停滞的情况下，所有的液体都应该通过肠道外给予。

治疗病原微生物感染或过度增殖

鞭毛虫可通过口服硝基咪唑类抗原虫药物（如甲硝唑、罗硝唑）治疗。蠕虫感染可以用驱虫药治疗（例如，芬苯达唑、氟苯达唑、伊维菌素、吡喹酮）。球虫病可以用抗球虫药物治疗（如托曲珠利、磺胺二甲氧嘧啶）。

用抗真菌药物治疗酵母菌过度生长。制霉菌素和两性霉素B通常有效且相对安全，因为口服后系统性吸收较少。也可以使用伊曲康唑，但它是系统性吸收的，可能会引起更多的副作用。

细菌感染/细菌过度生长用抗生素治疗（例如，复方磺胺甲噁唑或阿莫西林/克拉维酸）。在细菌培养结果出来之前，即可开始抗生素治疗。

注意：只要没有确定其他非细菌感染性的原因，就可以考虑抗生素治疗（如阿莫西林/克拉维酸或复方磺胺甲噁唑）。这类药物在有细菌感染的情况下可以发挥作用，同时在有其他原因引起的腹泻时，抗生素也可以防止继发性的细菌过度增殖。

当腹泻持续时，需要进一步诊断和治疗。

鲜血

排泄物中的新鲜血液（**图35.5**）是由胃肠道或泌尿生殖系统的末端出血引起的。原因包括感染、泄殖腔脱垂（见第67页）、卡蛋（见第82页）、肿瘤、乳头状瘤、泄殖腔损伤、铅中毒（见第57页）、凝血疾病和泄殖腔结石（在泄殖腔中积聚干燥的尿酸盐）。

图35.5 带有新鲜血液的排泄物。

兽医急诊护理

粪便检查

取粪便样本进行显微镜检查（见附录4，第157页和腹泻，第118页）。

如果在急诊就诊期间无法进行完整的粪便检查，则保留粪便样本和涂片供以随后检查。

如怀疑有细菌感染，可将粪便样本送到实验室进行细菌培养和药敏试验。

泄殖腔口的外部检查

检查泄殖腔口是否有泄殖腔脱垂（见第67页）和外部损伤。

触诊

可以触诊体腔/腹部，用手指（如鸡等大型鸟类）或棉签进行泄殖腔触诊，检查肿物、泄殖腔结石和蛋等。

X线检查

X线检查（见附录3，第144页）用于检查是否存在蛋壳的蛋（见卡蛋，第82页），以及泄殖腔结石和胃肠道中是否存在金属颗粒（见铅中毒，第57页）。

内部检查

在全身麻醉（如异氟烷/七氟烷）下，可以检查泄殖腔内部是否有损伤、肠套叠、乳头状瘤、泄殖腔结石和肿瘤等。

治疗

稳定体况

排泄物中有新鲜血液的患鸟的健康状况因失血量和潜在疾病而异。患鸟必须使用液体治疗、保温和营养支持来稳定（见第19页，患鸟的体况稳定）。

抗生素和抗寄生虫治疗

如果泄殖腔有损伤或细菌过度生长，则需要抗生素治疗（如阿莫西林/克拉维酸）。

注意：只要没有确定其他非细菌感染性的原因，就可以考虑抗生素治疗（如阿莫西林/克拉维酸或复方磺胺甲噁唑）。这类药物在有细菌感染的情况下可以发挥作用，同时在有其他原因引起的腹泻时，抗生素也可以防止继发性的细菌的过度增殖。

寄生虫感染需要治疗。鞭毛虫感染可通过口服硝基咪唑类抗原虫药物（如甲硝唑、罗硝唑等）治疗。蠕虫感染可以用驱虫药治疗（例如，芬苯达唑、氟苯达唑、伊维菌素、吡喹酮等）。球虫病可以用抗球虫药物治疗（如托曲珠利、磺胺二甲氧嘧啶等）。

疼痛管理

非甾体抗炎药（如美洛昔康）适用于受伤和存在里急后重的情况。非甾体抗炎药可能是某些原因导致血便的禁忌药物，所以在原因尚未明确时不要使用非甾体抗炎药治疗。

保护剂

硫糖铝（与其他药物或食物分开2h使用）可以通过在胃肠道溃疡上形成保护层来帮助修复胃肠道黏膜损伤。

手术

在全身麻醉（如异氟烷/七氟烷）和适当的镇痛（如局部利多卡因和美洛昔康）下，可以用单股缝合线（通常为4-0～5-0）缝合泄殖腔深部的损伤。当外伤性病变影响到泄殖腔的黏膜和皮肤时，首先吻合黏膜皮肤交界处。

在全身麻醉的情况下，有时可以将泄殖腔结石整体取出，或用钳子将其粉碎成小块后，通过泄殖腔取出。在其他情况下，手术是安全清除泄殖腔结石的必要手段。患鸟在（转诊）手术前应先稳定病情。

乳头状瘤或肿瘤的表面弥漫性出血可以用硝酸银棒按压，以暂时止血。切除泄殖腔肿物的手术是具有挑战性的，最好由鸟类专家来执行。

粉红色的尿酸盐

尿酸盐呈粉红色（**图35.6**）可由严重的肾损害和/或铅中毒引起。

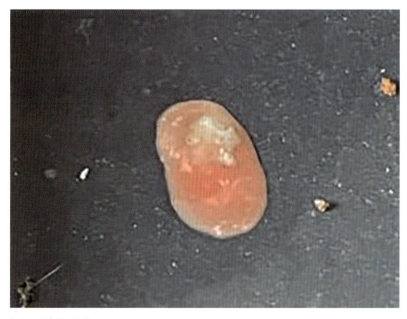

图35.6 粉红色的尿酸盐/尿液。

兽医急诊护理

诊断

血液检查

理想情况下，采集血液（见观察、体格检查和诊断测试第10页和附录2，第135页，了解可采血的静脉和采血技术），以检测血常规、血铅水平和尿酸水平。

注意：对于非常小或病重的患鸟，采血有时非常危险，特别是对于那些没有受过鸟类采血训练的兽医。失血过多、血肿、保定时间过长或应激过大都可能导致小体形或容易应激的患鸟死亡。在某些情况下，最好不要在急诊期间采血。

X线检查

X线检查（见附录3，第144页）用于检查胃肠道中是否存在金属颗粒（见"铅中毒"，第60页）。

注意：X线检查中没有可见的金属颗粒并不能完全排除铅中毒。

治疗

如果根据病史、症状及X线检查结果证实铅中毒或怀疑铅中毒，必须立即开始治疗，见"铅中毒"，第57页。

液体治疗

液体治疗（见第21页）适用于铅中毒和肾病。铅中毒可导致胃肠道功能减退，液体应通过肠道外途径给予。

抗生素

当X线检查中未见金属颗粒，血铅水平尚未确定以及血液学提示有炎症反应时，可以考虑使用无肾毒性的广谱抗生素（如阿莫西林/克拉维酸）治疗，因为细菌性肾炎是导致肾损伤的另一个病因。

36. 气囊损伤

由外伤或慢性感染引起的气囊壁损伤导致空气从呼吸系统渗漏到皮下组织（气肿）。这在颈部最常见，但对体壁的损伤会导致其他部位的渗漏。当颈部气囊破裂时，颈部会膨胀（**图36.1**）。在系统性气肿的情况下，鸟类的其他部位也可能会出现肿胀。

气肿会导致不适、疼痛，严重者会出现呼吸窘迫和厌食。

图36.1 鸽子颈气囊充盈和皮下气肿。

兽医急诊护理

通过触诊，可以感觉到柔软的肿胀，有时也会发出捻发音，可以从肿胀处抽出空气。

注意：颈气囊的过度膨胀和吞咽空气引起的嗉囊膨胀（吞气症，在雏鸟中最常见）也会引起颈部局部气肿。

为了缓解病情，可以在皮肤和（在头颈气囊过度膨胀的情况下）气囊壁上进行穿刺。在全身麻醉（如异氟烷/七氟烷）下，对肿胀部位皮肤透明且无血管的部分进行消毒。可以用针或手术刀刺穿皮肤，让空气排出（**图36.2**）。在一次放气后复发是很常见的。切除一部分皮肤和气囊壁（开窗术）将显著降低复发的概率。患鸟稳定后需要进一步的诊断和治疗，因为可能存在潜在的疾病。

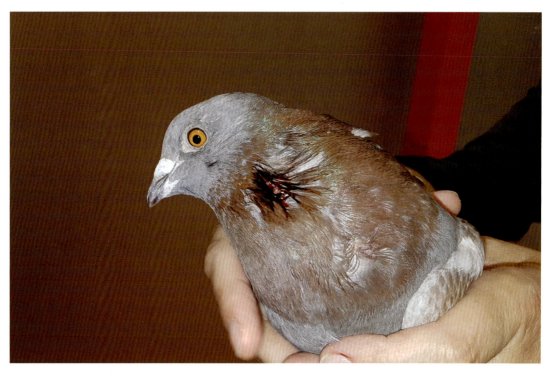

图36.2 同一只鸽子在皮肤和气囊壁上做开窗术后。

附录

附录1. 技术：鸟类保定

鸟类很脆弱，很容易出现应激反应。应在不伤害患鸟和工作人员、不造成不必要的应激情况下，以最有效的方式进行检查和治疗。

除了猛禽、猫头鹰、鸽子、家禽、水禽和其他大型非鹦鹉鸟类外，大多数鸟类在进行检查和治疗时，最好是将头部保定好，并用毛巾（纸巾）将身体的其余部分包裹起来（**图A1.1和图A1.2**）。患鸟的身体应该用毛巾松散地包裹起来，这样呼吸就不会受到限制，而翅膀和腿则保定确实。

保定鸟的人把鸟放在靠近自己身体的地方，保持直立姿势，抬起头。用拇指和食指或中指轻轻按住头部、下颌两侧。当使用拇指和中指时，食指可以放在头部上方以获得额外的控制（**图A1.3**）。鸟的背部靠在手掌上。另一只手握住被包裹着的鸟的腹部、下背部和翅膀。对非常小的鸟的处理方式大致相同，不同之处在于它们只用一只手握住，无名指和小指松散地放在鸟的下半身，而不是另一只手。

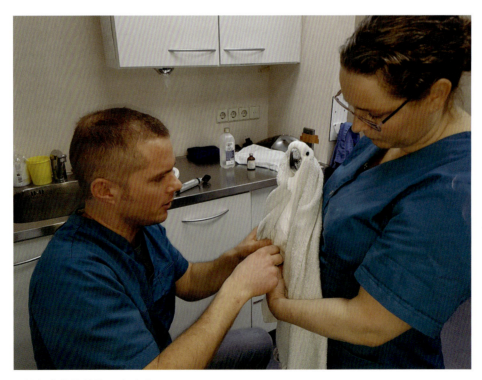

图A1.1 被保定做体检的凤头鹦鹉。

图A1.2 大多数鹦鹉最好用毛巾包裹住，然后轻轻按压其头部/下颌两侧。

鹦鹉：鹦鹉和长尾小鹦鹉

鹦鹉的处置可能是一项挑战，因为它们强壮、聪明，咬起来会给医生造成相当大的伤害，至少会让医生很疼。大多数圈养的鹦鹉和长尾小鹦鹉都没有攻击性，但它们会为了自卫而咬人。冷静和尊重的方式通常会让处理过程更容易，应激更小。

有几种方法可以成功地用毛巾将鹦鹉保定在正确的姿势上。

非常温顺的鸟（不倾向于飞走）最好由主人从笼子或运输笼中取出。鸟主人可以把鸟儿贴近自己的身体，把手放在鸟的肩膀、翅膀上，防止鸟儿飞走。然后，其他人可以用毛巾轻轻地把鸟带走。首先，把鸟的头固定住，然后用毛巾裹住鸟的身体，把鸟抱起来。

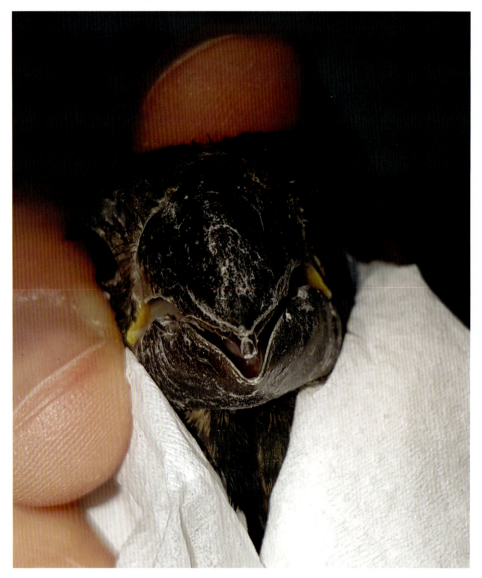

图A1.3 小型鸟类可以用纸巾裹住。在这张巨嘴籽雀的照片中，它将食指放在头顶以获得额外的控制。

　　另一种让温顺的鸟（不会飞走的）裹上毛巾的方法是让它们从笼子或运输箱里走出来，放在手上、手臂上或棍子上，然后把它们放在桌子上。在场的人可以站在桌子周围，以防鸟儿从桌子上掉下来或飞走。接下来，用一条毛巾盖住鸟的整个身体。这是一种温和且有效的方法。用毛巾把鸟的头固定住，然后用毛巾把鸟的身体包裹起来，把鸟举起来。

　　下面将介绍第三种将较大的鹦鹉裹上毛巾的方法。当熟练地使用这种技巧时，对许多鹦鹉来说，这种技巧比从笼子里拿出来或从桌子上用毛巾拿起来容易得多。使用这项技术时要小心，因为它需要一些练习，如果操作不当可能会导致患鸟的小腿骨折。因此，不建议没有鸟类饲养经验的人使用这种方法。

对惯用右手的人，用右手的无名指和小指夹住毛巾的一角。让鹦鹉站在你的右手食指上。当鹦鹉站好时，保定人员通过将拇指放在鹦鹉的脚趾上来握住头侧的脚趾。鸟靠近保定人员的身体，以防止其摔倒或试图逃跑。另一只手从背后提起毛巾，轻轻地盖在鸟身上。用毛巾固定头部，毛巾裹住身体的其余部分。

不主动上手的鸟往往会飞走（大多数较小的种类），而那些非常兴奋、害怕或有攻击性的鸟最好由将要保定它们的人直接从笼子或运输箱中取出。首先应该移除可能妨碍抓鸟的物体（例如，食物和水碗、玩具、藏身之处和站架）。调暗灯光也有帮助。在张开的手上盖上一张（纸巾）毛巾，以防止鸟看到单个手指，从而防止鸟咬手指。把盖毛巾的手放在鸟的肩膀和脖子上，用毛巾把鸟的头固定住。与此同时，用另一只手用毛巾控制鸟身体的其他部位，尤其是翅膀，以防止鸟在只被抓住头部和颈部的情况下剧烈挣扎。

猛禽和猫头鹰

猛禽是具攻击性的。在治疗大型物种时，喙可能会对兽医造成伤害（**图A1.4**），但最危险的是爪子（**图A1.5**）。在保定猛禽和猫头鹰时，必须始终固定腿部，以防止对工作人员造成严重伤害。

大多数人类饲养的大型猛禽和猫头鹰都可以由鸟主人从运输箱中取出。把拴在脚链上的皮脚绊拉得短一些，就可以用戴上猎鹰手套的手牵着鸟儿。当鸟主人在手套处控制脚时，毛巾可以用来覆盖和控制鸟的翅膀、身体和头部。遮住眼睛可以帮助患鸟平静下来。接下来，保定腿部，最好是一只手抓住一只腿（**图A1.6**），但如有必要，两只腿可以用一只手握住。在这种情况下，在两腿之间放置一根手指，以防止两腿相互用力挤压造成损伤。大型物种最好是把它们的背部靠在保定者的身体上，抓住双腿，用毛巾覆盖翅膀和头部。

在麻醉过程中，仍应握住腿部或用弹性自黏绷带包裹爪子，以防鸟类意外醒来时对工作人员造成伤害。

鸽子

最好让鸽子面对保定人员，腿夹在食指和中指之间，下背部和翼尖由拇指控制（**图A1.7**）。

图A1.4 猛禽和猫头鹰，尤其是体形较大的鸟类，也会通过咬人的方式对工作人员造成伤害。

图A1.5 猛禽和猫头鹰的爪子会对工作人员造成严重的伤害。腿在任何时候都要牢牢保定。

图A1.6 将两条腿分别在跗跖骨处保定。

图A1.7 保定鸽子。

家禽、水禽和大多数其他大型鸟类

这些类别中的大多数鸟类通常可以站在桌子上进行检查和治疗。如果有必要，可以在翅膀上包裹一条毛巾来防止其拍打翅膀。肉鸡和肉鸭特别容易出现应激性高热。

注意：几乎每只鸟在保定过程中都会咬或啄人。不仅鹦鹉，猛禽和猫头鹰也会用它们的喙对工作人员造成伤害。例如，海鸥、白骨顶、苍鹭和鸬鹚也会对工作人员造成伤害。一般来说，它们不是最配合的患鸟。将它们与保定者的脸部保持一定距离，并保护工作人员的手和眼睛。

附录2. 采血与输液技术：皮下、静脉和骨内输液及静脉穿刺

皮下输液

液体可以通过皮下注射的方式给药。鸟类皮下输液有3个部位：左右腹股沟和肩胛间（肩胛骨之间的背部）。对鸟类来说，将液体注入腹股沟壁似乎不那么疼痛。然而，它可能对技术要求更高，并且必须很好地保定患鸟，以尽量减少针头进入腹腔或胸腔气囊的风险。肩胛间区皮下给药似乎更痛，但更容易给药。经过一些练习，对许多鸟类来说是可以单人完成的。

腹股沟褶皮下注射技术

保定好患鸟，腹部/胸部对着操作者。注射一侧的腿向后伸。在这个体位，用少量酒精湿润羽毛和皮肤（以尽量减少降温）后，可见大腿和体壁之间的腹股沟褶。然后用细针（例如25G/橙色针头）在两层皮肤之间注射液体（**图A2.1**）。要小心不要用针刺穿腹壁。注射时针头要远离鸟的体腔/腹部，并将消毒过的手指放在针头上，这样就不会注射过深，从而降低风险。为避免因注射量过大而引起皮肤过度紧绷和不适，可将液体分别注射在两侧腹股沟褶。

肩胛间皮下注射技术

患鸟以自然体位站在桌上或以腹卧位趴着。用（纸巾）毛巾把鸟保定好。当头部、下背部和翅膀被束缚时，（纸）毛巾向前折叠，露出背部和肩部。在肩胛间注射。拉伸颈部，以防止注射在颈部而不是肩胛间。

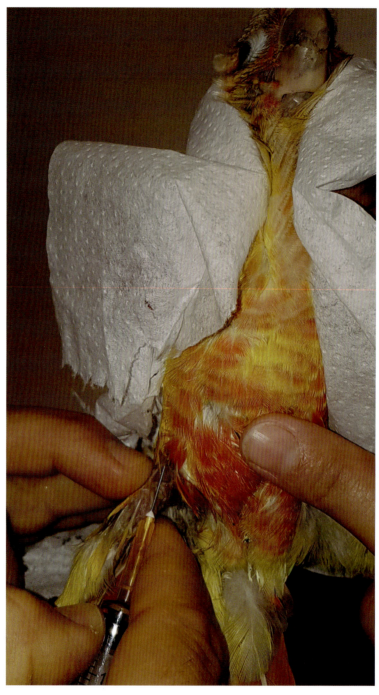

图A2.1 锥尾鹦鹉腹股沟褶皮下注射。

注意：颈部存在气囊时，向肩胛间注入液体可能导致溺水，应避免将液体注入呼吸系统。

先用手握住翅膀和下背部。肩胛骨之间的覆盖羽毛用少量酒精湿润（以尽量减少降温），然后将其推到一边。

鸟类这个部位的皮肤很薄，几乎没有皮下组织。通过皮肤注射会很快导致更深的结构受损，如果注射得太深，还会造成不必要的疼痛。为了防止这种情况，可以在刺穿皮肤之前和期间通过针头注射少量液体。一旦针尖穿过皮肤，就会产生皮下液体泡（**图A2.2**）。在推注射器的同时，将针尖保持在这个气泡中，以进一步防止对深层组织造成损伤。刺穿皮肤时，确保观察到针头的斜角。25G/橙色短针适用于大多数中小型鸟类的注射。

图A2.2　镇静的牡丹鹦鹉的肩胛间皮下注射。

静脉通路

静脉通路可以用于血液采样和液体治疗。

有3处静脉最适合用于鸟类的采血或静脉输注（和静脉血采样）：

■ 右侧颈静脉。

■ 贵要静脉：通过翅膀底部的肘关节。

■ 跖内侧静脉：位于小腿内侧。

并非每种鸟类的每条静脉都同样有用。只使用清晰可见且易于稳定的静脉。

在某些情况下，例如严重应激或激动的患鸟，或者当手术由经验不足的兽医完成时，在鸟类镇静期间进行静脉注射或从静脉中采血是最安全的。镇静可通过异氟烷/七氟烷或咪达唑仑与布托啡诺联合使用来实现。

右侧颈静脉通路

颈静脉穿刺时，鸟以正常体位在桌上站立或腹卧位。对于没有注射镇静药物的鸟，助手会用毛巾或纸巾托住鸟的身体，而执行静脉穿刺者则用手托住鸟的头部。惯用右手的人用左手托住鸟的头和脖子，穿刺到脖子右侧的静脉。左颈静脉是一条细得多的血管，因此不太适合穿刺。幸运的是，大多数鸟类颈部一侧的皮肤是裸区。然而，水鸟却不是这样。覆盖在裸区上的羽毛用少量酒精湿润，然后将羽毛推到一边，这样就可以看到皮肤了。皮肤本身很薄，大多数（非肥胖）鸟类的深层结构都清晰可见。右颈静脉是一条较粗的静脉，相对容易看到。头部和颈部必须保持在正确的位置。用食指和拇指在上侧，中指在下侧托住颈部。食指将头部向左、向下推一点（颈部稍微弯曲，左鼻孔指向桌子），中指将颈静脉从下方向上推至表面（因此中指从下方向上推至颈椎右侧），用拇指轻压静脉，使其充血扩张，准备静脉穿刺（**图A2.3**）。

图A2.3 右颈静脉。

贵要静脉通路

贵要静脉是位于翅膀下方的一条相对较粗的血管。在肘部，静脉从远端穿过到近端，并延伸到腋窝。覆盖的羽毛用少量酒精湿润，然后推到一边，露出皮肤和更深的结构，以确保消毒。虽然静脉通常也可以在鸟类直立、抬起翅膀的情况下看到，但上述体位通常会导致血管充盈程度降低。通常情况下，仰卧位下更容易向贵要静脉输注液体（**图A2.4**）。这需要物理保定或镇静。通过对穿刺部位近端的静脉施加轻微压力，使静脉充血扩张后，对保定确实不移动的鸟，可以相对容易地进行血管穿刺。使用贵要静脉进行输液或采血的一个缺点是可能很快发生血肿，或者是由于针头相对于患鸟的运动而损坏血管壁，或者是由于拔下针头或留置针后出血导致的。对于凝血功能正常的患鸟，通常有必要在注射部位保持几分钟的压力。这个部位的血肿会变得很大，皮下出血会显著减少输注到血管内的液体量。

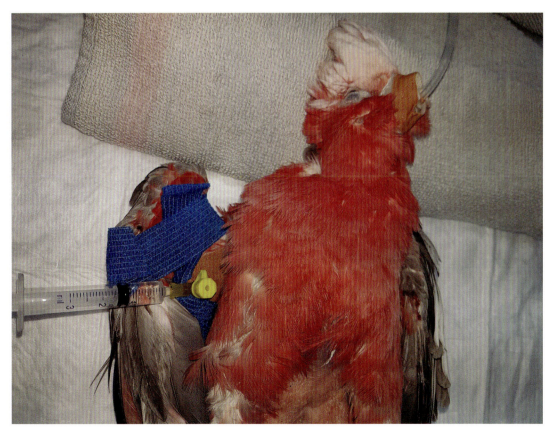

图A2.4 贵要静脉静脉输注。

内侧跖静脉通路

跖内侧静脉位于跗跖骨内侧。这条静脉特别适合于静脉输注和采血，在一些较大的鸟类中有一个较长的跗跖骨，如许多水禽、一些猛禽和鸡形目鸟类（如鸡）。在腿上固定留置针比在翅膀上更容易，因此当使用内侧跖静脉时，通常可以使用输液泵进行连续输液。不幸的是，鹦鹉和小型物种的这条静脉通常无法安置留置针。

患鸟保持侧卧位。靠近桌子的那条腿用于静脉穿刺，可以看到跖内侧静脉。如果皮肤脏，需要先清洗，然后用酒精消毒。通过轻压跗关节（胫腓–跗跖关节）上方，静脉充血扩张，因此更明显。可以使用静脉留置针（26G、24G或22G）进行较长时间的输注，也可以使用皮下注射针（例如25G针）给药（**图A2.5**）。当鸟的腿上有坚硬的鳞片时，针或留置针应该穿过鳞片之间的皮肤插入。

图A2.5 鸡跖内侧静脉注射。

骨内输液

由于此操作很疼，在没有止痛的情况下安置骨内留置针会严重损害患鸟的健康。因此，该操作最好在全身镇痛（如布托啡诺）和局部麻醉（如利多卡因或布比卡因）下进行。有时，由于严重危及生命，没有适当地选择系统性药物用于完全镇痛。在这种情况下，输注部位的软组织和骨膜的麻醉必须至少通过局部麻醉（如，利多卡因或布比卡因）来提供。

胫骨（胫跗骨）骨内留置针安置技术

在拔下覆盖穿刺部位的几根羽毛后，对膝盖区域进行无菌处理。在消毒过程中避免使用大量酒精，以防止（进一步）体温过低。弯曲膝盖后，在髌腱内侧的皮肤上做一个小切口。通过这个切口，将带针的皮下针或脊髓穿刺针的针尖（这是理想的，因为骨组织会阻塞正常皮下针的管腔）安置在胫骨平台上，然后将针沿骨的纵向旋转插入髓腔。

尺骨骨内留置针安置技术

在取出覆盖切口部位的几根羽毛（**图A2.7**）后，对腕部区域（**图A2.6**）进行无菌处理。屈曲腕关节后，触诊找到尺骨远端嵴。在皮肤上做一个小的穿刺切口后，将带针的皮下针或脊髓针的针尖纵向置于尺骨远端表面。在固定好尺骨的同时，将针以扭转的动作插入尺骨髓腔（**图A2.8**）。由于少数物种（例如一些秃鹫和鹳）的尺骨也与呼吸系统相连，因此首先抽气是很重要的。当吸入空气时，禁止在尺骨处进行输注液体。X线可以用来检查安置位置是否正确（**图A2.9**）。

图A2.6 亚马逊鹦鹉远端翅膀的背侧。

图A2.7 拔除羽毛，给予局部麻醉药物和皮肤消毒，为骨内输液做准备。

图A2.8 尺骨内插入针。

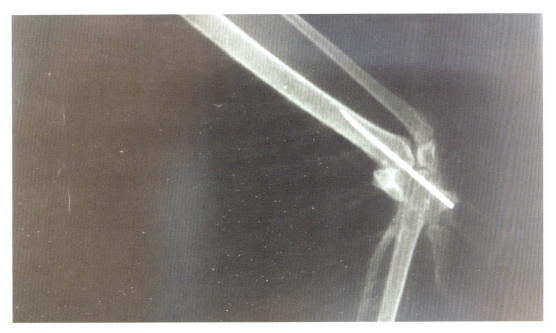

图A2.9 X线片显示针正确安置在尺骨内。

附录3. X线检查

进行X线检查时，必须对工作人员进行充足的防护，防止X线辐射。操作时应佩戴铅手套，抱着患鸟进行X线检查。一般来说，佩戴保护性铅手套保定鸟类时，没有办法确保动物不出现逃跑、受伤、极度紧张和摆位不正确的情况（**图A3.1**）。

因此，在几乎所有的情况下，鸟类的X线摆位最好在麻醉下进行（例如，使用异氟烷/七氟烷或咪达唑仑与布托啡诺联合使用）。

理想情况下，正确摆位拍摄侧位和腹背位的全身X线片。

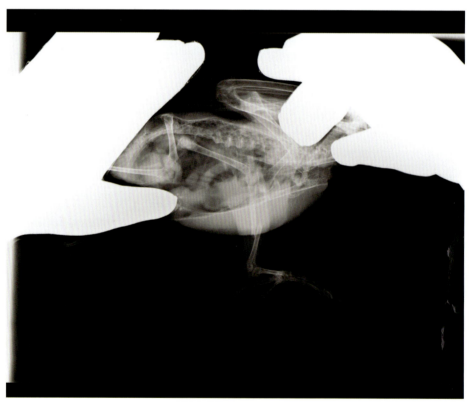

图A3.1 为拍摄鸟X线片的错误技术示例。铅手套不适合保定鸟。摆位不正确，医师的手处于主X线束内（铅手套不能在主X线束下提供足够的保护）。

侧位片

对于侧位片，患鸟以侧卧位摆位。翅膀拉伸到身体的背侧，这样翅膀的骨骼就不会相互干扰。用胶带将翅膀固定在工作台或X线成像元件上。肱骨应该在一个水平平面上，因为把它靠近桌面或X线成像元件会导致身体旋转，无法进行正确的摆位。向腹侧拉腿（以尽量减少腿和内脏的重叠），并用胶带固定在桌面上或X线成像元件上（**图A3.2**）。检查腿部时，一条腿应该更靠近头部，以防止两条腿重叠。

注意：有些鸟类，例如肩带骨有某些矫形或解剖异常的鸟类，不能完全拉伸身体上方的翅膀。尝试用力拉伸，可能导致骨折。

腹背位片

对于腹背位片，患鸟背卧位，翅膀对称地向两侧拉伸，腿对称地向尾侧拉伸。翅膀和腿可以用胶带固定在桌面或X线成像元件上（**图A3.3**）。龙骨（龙骨突）应该精确地和脊柱重叠（没有骨骼畸形的鸟类）。

45° 斜位片

如果肩胛骨有外伤，可以进行额外的45° 斜位X线检查（**图A3.4**），以避免乌喙骨和肩胛骨重叠。正确摆位的鸟的身体侧位和腹背位X线片和内脏解剖示意图如**图A3.5 ~ 图A3.8**所示。

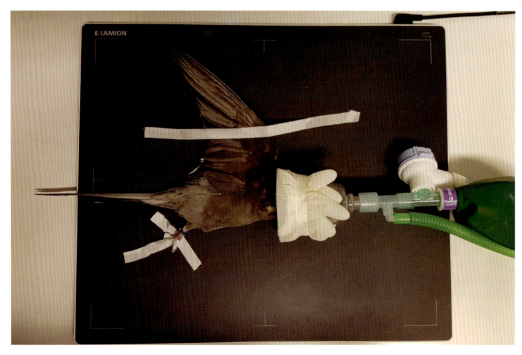

图A3.2 侧位X线摆位。注意，腿被拉向腹侧，以尽量减少上肢与内脏的重叠。

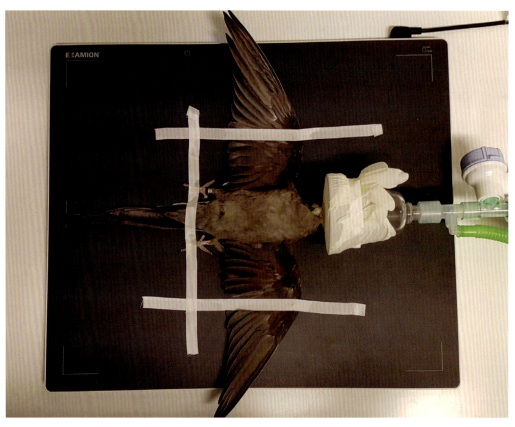

图A3.3 腹背位X线摆位。

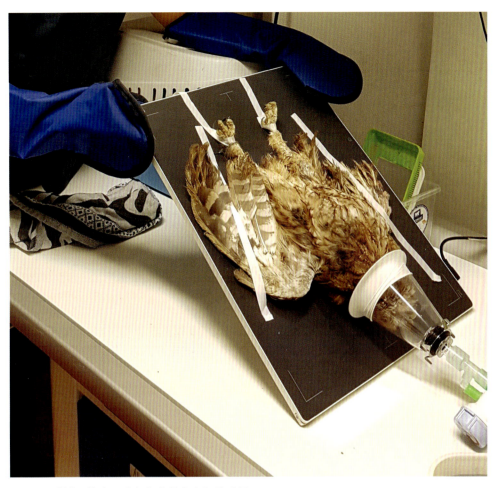

图A3.4　45°斜位X线片可避免乌喙骨和肩胛骨重叠。

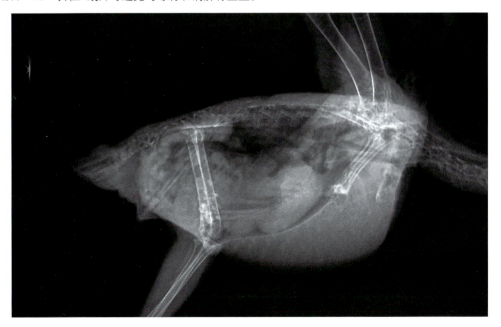

图A3.5　鹦鹉的侧位X线片。

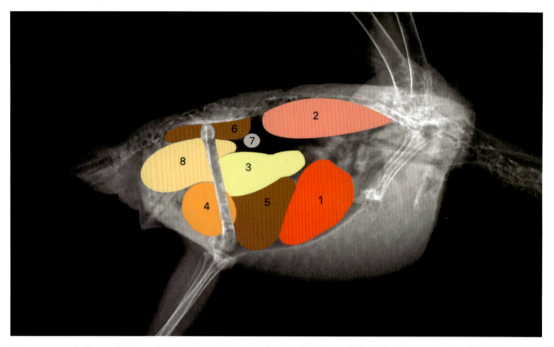

图A3.6 1.心脏；2.肺；3.前胃；4.肌胃；5.肝脏；6.肾脏；7.睾丸或卵巢；8.肠道和输卵管/子宫。

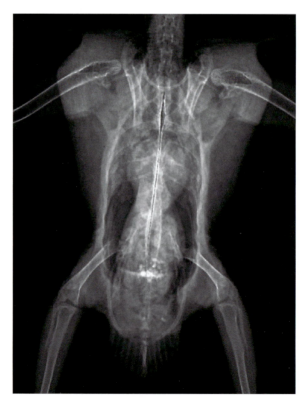

图A3.7 鹦鹉腹背位X线片。

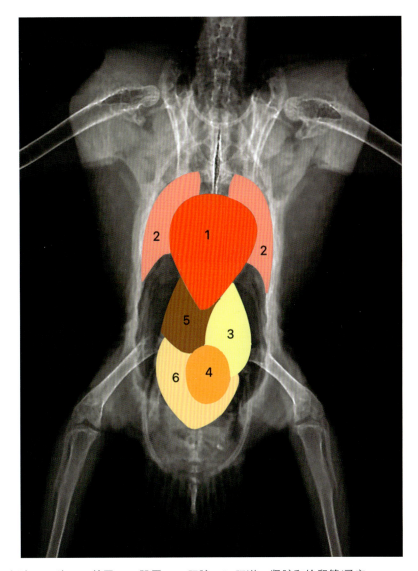

图A3.8 1.心脏；2.肺；3.前胃；4.肌胃；5.肝脏；6.肠道、肾脏和输卵管/子宫。

容器

　　如果由于患鸟的身体状况或其他因素（如未使用麻醉药物），在急诊就诊期间无法安全地拍摄正确摆位的X线片，在某些情况下，可能会决定拍摄位置不标准但可用的X线片。为此，患鸟可以站在桌子上或X线成像元件上，在一个透射线的塑料容器中（**图A3.9**），而X线是用垂直投照进行的。另一种方法是在鸟站立的时候用水平投照拍摄侧位X线片。

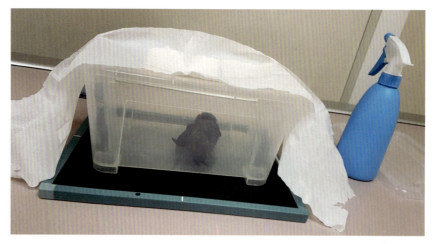

图A3.9 鸟在透射线容器中拍摄X线片。

　　用这种方式拍摄的X线片通常不适合评估内脏（胃肠道前部除外），因为摆位不是最佳的，器官（和四肢在侧位X线片上）是重叠的。然而，这样拍摄X线片没有麻醉的风险，在紧急情况下可以用于确定例如金属颗粒（**图A3.10**）、不透射线的异物、有蛋壳的蛋（**图A3.11**）、某些骨折的存在，以及检查骨骼钙化情况。

图A3.10 在透射线容器中的粉红凤头鹦鹉的X线片。尽管摆位不理想，但肌胃内金属颗粒（箭头）清晰可见。

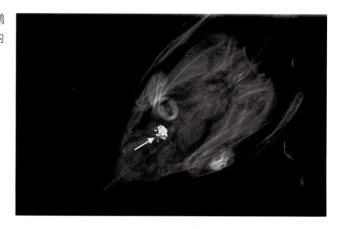

图A3.11 摄于透射线容器中的锥尾鹦鹉的X线片。尽管不是最佳摆位，但在尾侧体腔中可以看到一个薄壳蛋（箭头）。长骨未见不透明度增高（骨质增生），提示缺钙可能是本病例卡蛋的原因。

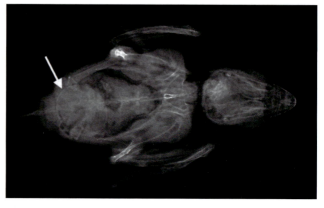

X线造影

　　X线造影在鸟类临床中非常有用，不仅可以诊断胃肠道的异常，还可以更好地了解体腔内其他器官和肿物的大小和位置。特别是存在体腔积液、肥胖和巨大肿物的情况下，在普通X线下区分体腔的不同结构是非常困难的。胃肠道的移位（在造影术上清晰可见）可以指示哪个器官肿大或肿物位于体腔的哪个部位。例如，肝肿大引起胃肠道的尾侧移位，睾丸、卵巢、输卵管或肾脏肿大引起胃肠道的腹侧移位。参见本附录后面的示例。

　　在X线造影中，硫酸钡（20mL/kg，用水稀释1∶1或1∶2）通过嗉囊插管注入嗉囊（或猫头鹰的前胃）。每30min进行1次X线检查，让鸟清醒地站在一个透射线容器中，检查造影剂的位置。对于患鸟，造影剂通过胃肠道的时间因物种和个体而异。理想情况下，当造影剂填满除嗉囊和颈部食道外的整个胃肠道后，才进行正确摆位的X线检查。

　　注意：当镇静的鸟无法保持头部向上的直立姿势时，胃和颈部食道中的造影剂会反流并导致误吸！

X线的案例

　　图A3.12 ~ 图A3.27为X线上呈现病理改变的病例。

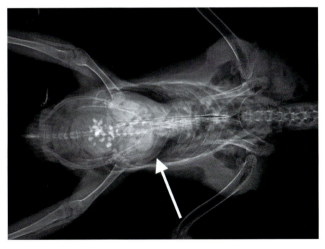

图A3.12 增大的前胃（箭头）。

图A3.13 增大的前胃（箭头之间）。

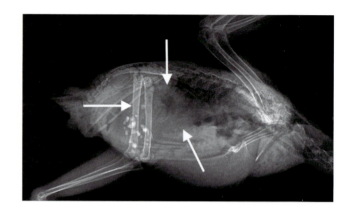

图A3.14 虎皮鹦鹉肺部的高密度肿物（箭头之间）。

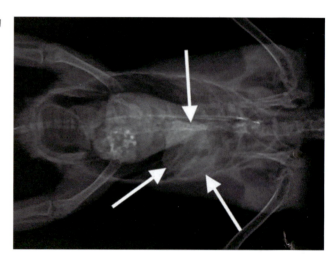

图A3.15 牡丹鹦鹉肾脏肿大，密度增高（箭头之间）。

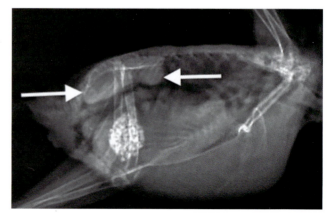

X线造影的病例

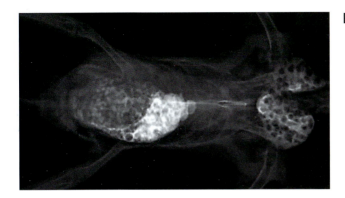

图A3.16 增大的前胃充满造影剂。

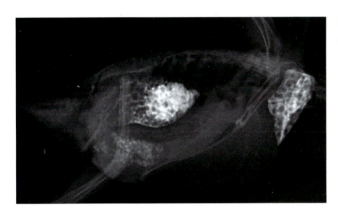

图A3.17 增大的前胃和充满造影剂的扩张肠道。

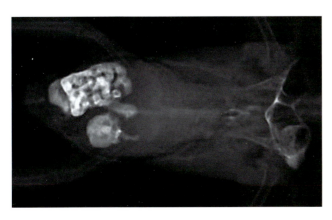

图A3.18 胃肠道因肝肿大而向尾侧移位。

图A3.19 胃肠道因肝肿大而向尾背侧移位。

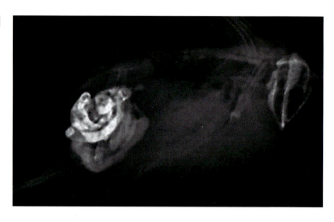

图A3.20 前胃和肌胃因肿物（本病例为增大的输卵管）向头外侧方向移位。

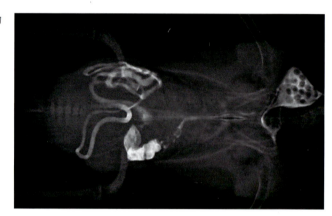

图A3.21 肠道因肿物（本病例为扩大的输卵管）向头腹侧移位。

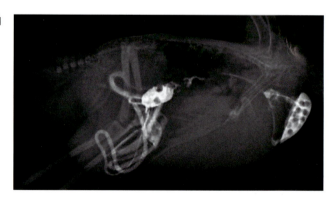

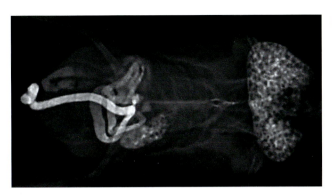

图A3.22 胃肠道因肿物向头侧移位（本病例为体腔内异位的无钙化壳的蛋）。

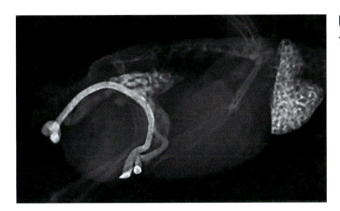

图A3.23 肠道因肿物向头侧移位（本病例为体腔内异位无钙化壳的蛋）。

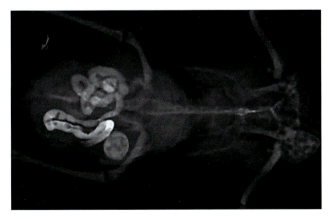

图A3.24 胃肠道外软组织肿物（本病例中为肿大的睾丸）。在长骨中可见多骨性骨增生（在雄性鸟类中，这是睾丸癌的征兆）。

图A3.25 胃肠道因肿物向腹侧移位（箭头之间；本病例为睾丸肿大）。长骨可见多骨性骨增生（在雄性鸟类中，这是睾丸癌的特征）。

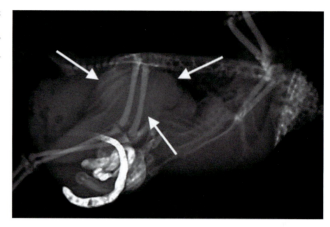

图A3.26 胃肠道外软组织肿物（本病例中为增大的肾脏）。无多骨性骨增生。

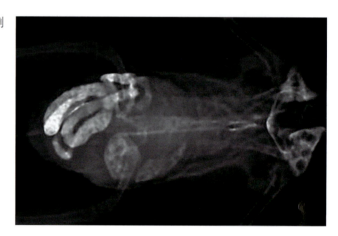

图A3.27 胃肠道因肿物向腹侧移位（箭头之间；本病例为肾肿大）。无多骨性骨增生。

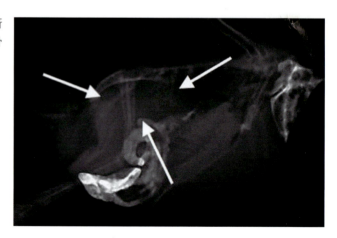

附录4. 粪便显微镜检查

湿抹片

用少量温盐水稀释新鲜粪便样本。将几滴混合物滴在显微镜载玻片上，然后盖上盖玻片。用10倍物镜扫查覆盖区，检查虫卵（**图A4.1**）、巨细菌（Macrorhabdus ornithogaster，鸟胃酵母菌）、幼虫、鞭毛原虫、原虫包囊和卵囊（**图A4.2**）。可以使用更高的放大倍率来更好地观察可疑物体/病原微生物。

注意：寄生虫感染在野生的鸟类（在许多情况下与临床无关）和室外鸟舍饲养的鸟类（通常与临床相关）中非常常见，但在室内生活的鸟类中并不常见（通常与临床相关）。

图A4.1 虫卵（毛细线虫）。

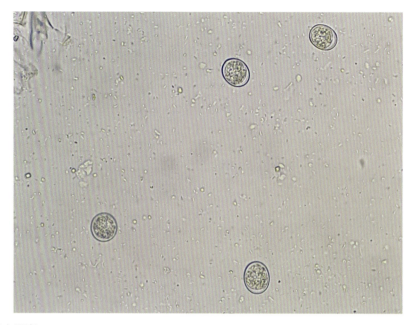

图A4.2 球虫卵囊。

染色涂片

将一粪便薄抹片干燥，并用快速染色剂（如Hemacolor）或革兰氏染色剂染色。用40倍和100倍物镜检查涂片，打开光阑。染色的涂片可以检查酵母的存在（例如，巨细菌，**图A4.3**；念珠菌，**图A4.4**；细菌，**图A4.5**；炎症细胞和红细胞，**图A4.6**）。

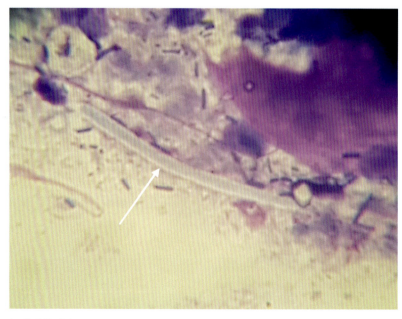

图A4.3 鸟巨细菌（箭头）。

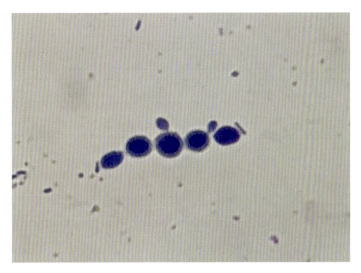

图A4.4 出芽酵母。

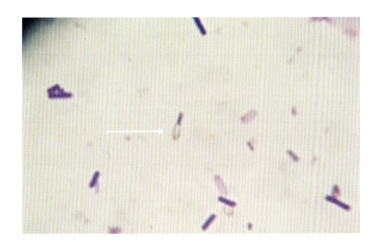

图A4.5 带有内孢子的梭菌（箭头）。

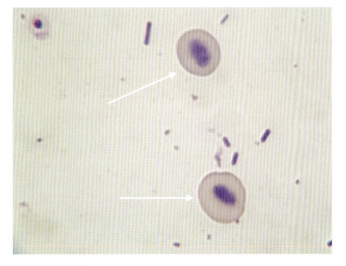

图A4.6 红细胞（箭头）和杆状细菌。

附录5．技术：嗉囊插管和灌洗

鸟类的颈部和食道的自然姿态呈S形。为了无痛和安全放置嗉囊饲管，拉直颈部和食道很重要。当保定者独自进行嗉囊插管时，用非惯用手握住鸟。有时较大的鸟最好由另一个人抱着。这只鸟被保持在一个直立的位置，头朝上，面对执行嗉囊插管者。用拇指和中指或无名指托在下颌骨下，以便控制住鸟的头部。如附录1所述，翅膀和身体用毛巾包裹，以防止在没有对嗉囊或身体施加压力的情况下移动。饲管用水弄湿。也可以使用非常少量的润滑剂，但过量的润滑剂会导致误吸，因为饲管首先通过喉部。将饲管从左侧插入嘴角（**图A5.1**），然后从舌头向下移动，同时与上颚保持接触，到达口咽后部的右侧。鹦鹉有非常强壮的舌头，往往会用舌头往外推饲管。用饲管做一个滚动的动作（"上旋"）可以帮助通过舌头。当饲管末端位于口咽部右侧的尾端时，轻轻向颈部右侧的位置插入（**图A5.2**）。如果在一只脖子拉直的鸟上插管正确，管子应该会一直滑到嗉囊内，没有任何阻力。在正确插管后，可以很容易地通过皮肤和嗉囊壁触摸到管的尖端，并且可以明显地与气管分开（**图A5.3**）。检查正确的位置是至关重要的，因为将饲管或液体注入气管会导致死亡。在大多数情况下，将饲管插入气管会导致鸟突然抵抗或恐慌，当然还有呼吸窘迫。

注意：如果出现突然的抵抗、恐慌或呼吸窘迫，或怀疑插管位置不正确时，应立即拔出饲管。

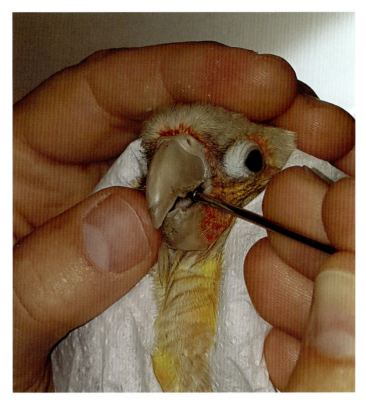

图A5.1　将饲管插入左侧嘴角。

图A5.2　将管的尖端插入尾侧口咽的右侧，然后指向食道。

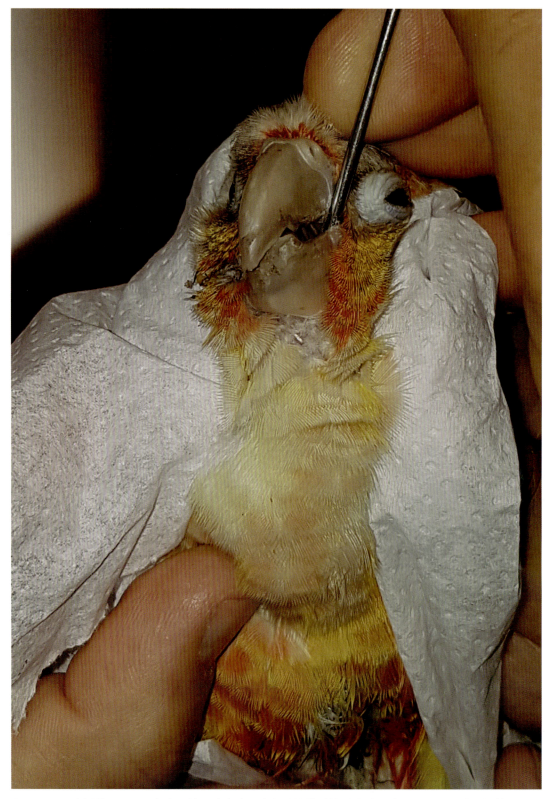

图A5.3 正确插管后，可以很容易地通过皮肤和嗉囊壁触摸到管的尖端，并且可以明显地与气管分开。在这张照片中，触诊是用拇指进行的。

嗉囊插管正确后，液体（食物、药物、电解质、水等）可以轻轻注入。为防止误吸，应在给药时通过观察口腔不断检查是否有反流。如果口咽部出现液体，应立即取出管，把鸟放回笼子里，这样它就可以吞咽、咳嗽和甩头，以防止（进一步）吸入。

材料

可以使用不同类型的饲管。对于大多数小型鸟类和鹦鹉来说，直的或弯的金属饲管（**图A5.4**）是最实用的。对于大型非鹦鹉鸟类（如水禽和鸡）来说，长而灵活的管是合适的。柔性管也可以用于鹦鹉，但鹦鹉咬管的风险会导致阻塞或损坏和吞咽部分饲管。

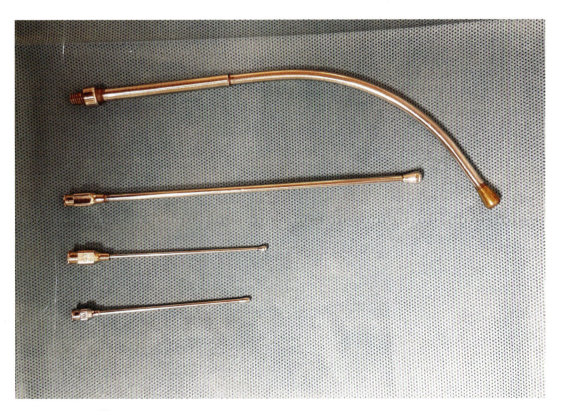

图A5.4 金属饲管。

大直径的饲管会引起不适，甚至有损伤食道的危险。直径非常小的饲管会增加进入气管（危及生命）和食道或嗉囊穿孔的风险。理想情况下，使用的饲管不可进入气管，但足够小就可以很容易地通过颈部食道。

合适饲管直径的例子。

- 非洲灰鹦鹉、黄冠亚马逊：6mm。
- 玄凤鹦鹉、锥尾鹦鹉：3mm。
- 虎皮鹦鹉：2～2.5mm。
- 金丝雀：2mm。

嗉囊灌洗

嗉囊灌洗由兽医专业人员进行，麻醉或不麻醉（例如，用异氟烷/七氟烷）下进行。完成麻醉后，最好在开始灌洗前先插好气管插管，以防止吸入嗉囊内容物。对于嗉囊灌洗，将软或硬的嗉囊饲管插入嗉囊中。

在未使用镇静药物和气管插管的鸟类进行嗉囊灌洗操作时，应将患鸟垂直抱起，头朝上，仅在嗉囊中注入少量液体，以防止反流吸入嗉囊内容物。每100g体重，向嗉囊中注入2mL液体，然后尽可能多地将液体吸入注射器并丢弃。这个步骤要重复数次，以尽可能多地从嗉囊中去除物质。

如果需要从嗉囊内移除较大的物体（例如猛禽体内的肉块或大的金属颗粒），可以在全身麻醉下进行嗉囊灌洗。已镇静并可通过气管插管防止吸入嗉囊内容物的患鸟，可以使用更大量的液体或者连续冲洗的方法来进行嗉囊灌洗。患鸟可以呈身体水平或甚至头部稍低的摆位，以促进嗉囊排空和反流。

注意：为避免体温过低，应使用与体温相近的水或氯化钠溶液来冲洗嗉囊。

附录6．技术：气囊插管

气管阻塞的鸟类可将气囊插管置于后胸气囊或腹气囊内，使其能够呼吸。这个过程是紧张和疼痛的，应该由兽医专业人员在全身麻醉下进行，并提供足够的镇痛（例如，异氟烷/七氟烷或咪达唑仑与布托啡诺联合局部利多卡因）。

根据患鸟的大小，插管可以是标准的无菌气管插管（**图A6.1**），或者，例如是从静脉输液延长管剪下来的一部分。如果可以的话，在插管末端的侧面多开几个孔，这样端口就不是唯一的开口。所需材料包括缝合线、持针器、蚊式止血钳、手术刀片和剪刀。

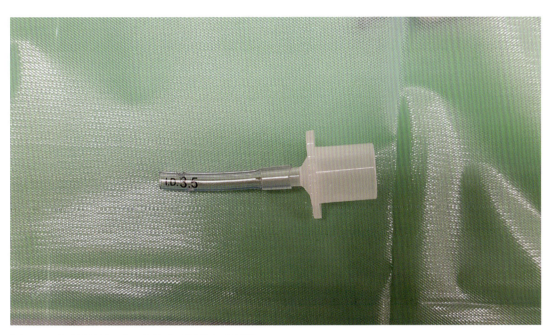

图A6.1 气管插管切成一定长度后用作气囊插管。

将鸟置于侧卧位，将上面的腿向头部拉起（**图A6.2**）。

图A6.2　放置气囊插管的金刚鹦鹉。注意将上面的腿拉向头部。

入路位置在耻骨、最后一根肋骨和内侧屈肌之间的三角形（**图A6.3**）。

图A6.3　插管部位（红线）位于最后一根肋骨的尾部、内侧屈肌的腹侧、耻骨的头侧（绿线）。

将覆盖在插管部位上的羽毛拔除，准备无菌皮肤。在最后一根肋骨尾侧做一个小的垂直于皮肤的切口（**图A6.4**）。

图A6.4 最后一根肋骨尾侧的切口。

首先用蚊式止血钳在内侧屈肌背侧钝性剥离，然后向内侧进入体腔（**图A6.5**）。将食指放在蚊式止血钳夹持头的上方，以防止在向内插入气囊时进入太深而损坏内部结构。通常，当进入气囊时，可以感觉到或听到清晰的穿透声。

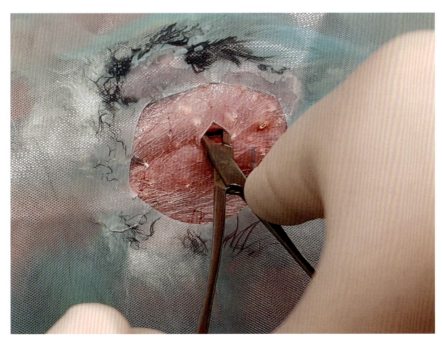

图A6.5 用蚊式止血钳在气囊中制造一个通道。

进入气囊后，打开蚊式止血钳，气囊处插管可通过蚊式止血钳夹持头插入气囊（**图A6.6**）。

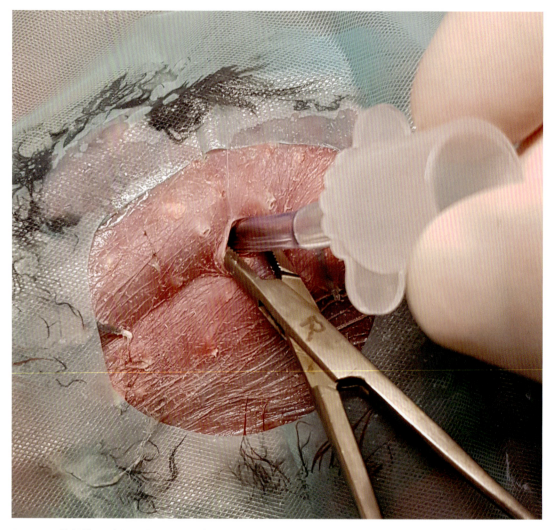

图A6.6　将插管通过张开的止血钳夹持头插入气囊。

适当地放置通常可以在管内看见的冷凝的雾气。可以通过握住一根羽毛（**图A6.7**）或一块棉絮并观察其运动（紧紧握住以防止吸入）来检查通过管道的空气流动。

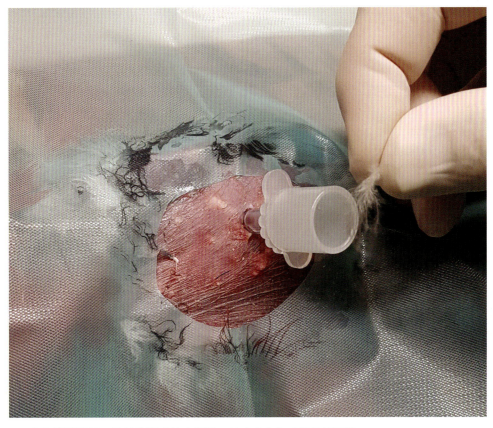

图A6.7 在气囊插管开口处按住羽毛检查气流，检查定位和功能是否正确。

　　将气囊插管固定在皮肤上。这可以通过将胶带贴在插管上并将胶带缝合到皮肤上（**图A6.8**），或使指套缝合来完成。

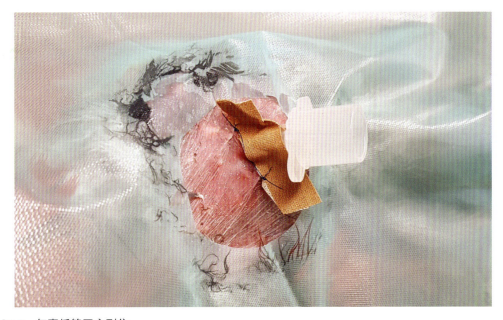

图A6.8 气囊插管固定到位。

附录7. 技术：蛋穿刺抽吸

蛋穿刺抽吸可以在卡蛋的情况下操作，并应由专业兽医执行。目的是移除蛋的内容物，然后使蛋壳向内塌陷，以减轻症状，并促进取出或自然排出蛋壳。

该操作需在全身麻醉（如异氟烷/七氟烷）下进行，患鸟背卧位，除非在脱垂的泄殖腔中可见蛋。在这种情况下，这一操作也可以在不使用麻醉的情况下完成。

惯用右手的人用左手触摸蛋，轻轻地将其推向泄殖腔。应避免直接压迫脊柱，以免损伤神经和肾脏。接下来，可以用针在蛋壳上穿刺。在某些情况下，可以在泄殖腔中看到一小部分蛋壳，并在不损伤软组织的情况下进行穿刺。当蛋壳不可见时，将会刺穿泄殖腔的黏膜。在试图穿刺、抽吸和使蛋壳塌陷的过程中，要时刻注意不要对脊椎施加任何压力。

为了用注射器针头在蛋壳上穿刺，应考虑蛋壳的硬度还有蛋白和蛋黄的黏稠度，最好选用直径相对较大的针头（例如给小鹦鹉使用21G的针头）。针头连接在一个体积比鸡蛋大几倍的注射器上。在用旋转针头穿入蛋壳后（在完全钙化的蛋壳中，这可能具有挑战性，即使是小鸟），用吸力去除蛋中的内容物。可能需要将针头在蛋内部移动一点，并交替抽吸，让一些空气回到鸡蛋中，以抽出所有的蛋白和蛋黄。抽出内容物后，通过吸力产生最大负压。然后，在真空存在的情况下，用拇指和其他手指的压力将蛋压扁，但仍然不要对蛋施加任何向下的压力。蛋穿刺抽吸通常伴随着蛋壳破碎声。

注意：当蛋不靠近泄殖腔时，不能进行此操作。蛋壳很厚的蛋（卡蛋造成蛋在壳腺的时间过长，**图A7.1**）不能成功进行蛋穿刺抽吸，否则会导致严重的并发症。

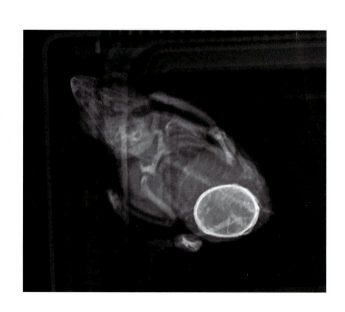

图A7.1 蛋壳厚度异常，蛋壳不规则。

附录8. 技术：使用（夹板）包扎

身体包扎

受伤的翅膀靠在身体上，保持正常的生理姿势。然后将弹性绷带缠绕在翅膀和身体上（**图A8.1**），绕过另一侧翅膀的头侧和尾侧（**图A8.2**）。

注意：包扎不能过紧，否则患鸟将无法正常呼吸。

图A8.1 从患肢的侧面观察身体包扎。

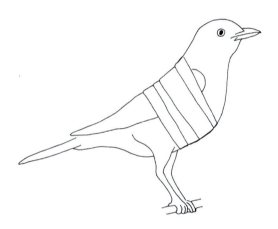

图A8.2 从健康肢体侧看身体包扎。包扎放置在对侧翅膀的头侧和尾侧，以防止其滑动。

粘翼尖

这项技术可以用来暂时防止受伤的翅膀下垂。它会引起不适，效果不如身体包扎，但在紧急情况下很有用。两个翅膀最末端的2～4根飞羽（初级飞羽）用胶带粘在一起（**图A8.3**）。

图A8.3 将翅膀尖端粘在一起是防止翅膀下垂的一种简单方法。

"8"字包扎

在弯曲的腕部包裹弹性绷带，然后在远端翅膀处交叉，要包上所有飞羽以及附着在上翼的羽毛（**图A8.4**）。"8"字形包扎可以给肘关节远端的骨提供稳定。

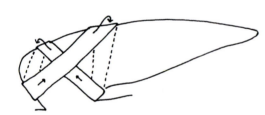

图A8.4 "8"字包扎。

注意：长时间固定翅膀可导致翼膜的僵硬和畸形（从腕关节延伸到翅膀前部肩关节的弹性皮肤褶皱），将会导致永久性无法飞行。如果需要长期（＞10d）固定才能愈合，应每7～10d取下包扎，通过被动活动和拉伸翼膜来活动关节。这通常需要在全身麻醉下进行，以防止患鸟主动活动引起的并发症。

用胶带夹板固定小腿

将胶带从两侧粘在一起，将腿粘在中间的所需位置（**图A8.5**和**图A8.6**）。使用持针器、镊子或止血钳，将胶带层紧紧地压在靠近腿的地方（虚线）。多层胶带提供更好的稳定性，但必须注意，夹板不要过于沉重。多余的胶带从距离腿外的0.5～1cm处剪去（**图A8.7**）。一层强力胶可以提供额外的强度；只有当夹板是最后的固定方法时，才滴胶水，如果夹板只是用作紧急固定，并在最终治疗前需要取出时，则不应滴胶水。

图A8.5 对位正确后，将胶带贴在小腿一侧。

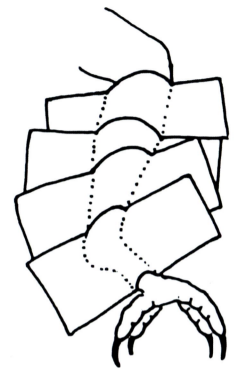

图A8.6 然后，在另一侧贴上胶带。两边的胶带紧贴在腿上。

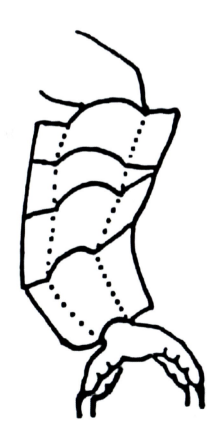

图A8.7 剪掉多余胶带。

附录9. 技术：嗉囊切开术

嗉囊切开术是切开嗉囊的外科手术。手术是在全身麻醉（如异氟烷/七氟烷）下进行的，提供适当的镇痛（如美洛昔康和局部利多卡因/布托啡诺）并由兽医专业人员进行。如有可能，诱导后插气管插管以防止吸入反流的嗉囊内容物。患鸟背躺位，拔去覆盖嗉囊区的羽毛（**图A9.1**）。无菌准备术部，切开皮肤（**图A9.2**），然后切开嗉囊壁（**图A9.3**），避开嗉囊壁的血管。去除异常嗉囊内容物后，用单股可吸收缝线（5-0，4-0）分两层闭合嗉囊壁，第一层为连续缝合（**图A9.4**），第二层为连续内翻缝合（**图A9.5**）。皮肤以连续或结节缝合闭合（**图A9.6**）。

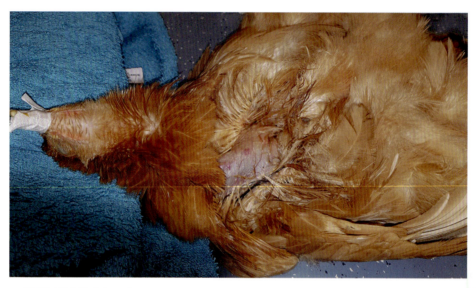

图A9.1 嗉囊切开术的准备工作。

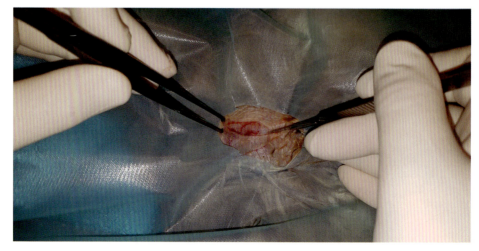

图A9.2 皮肤切口。

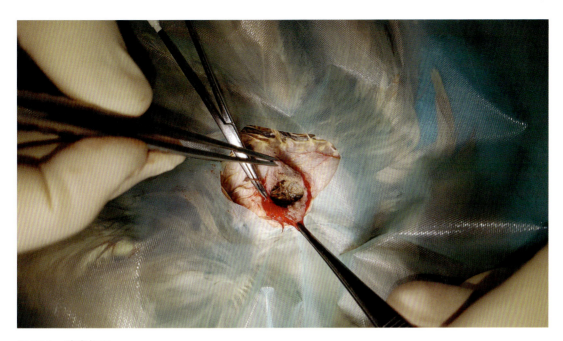

图A9.3 嗉囊打开。

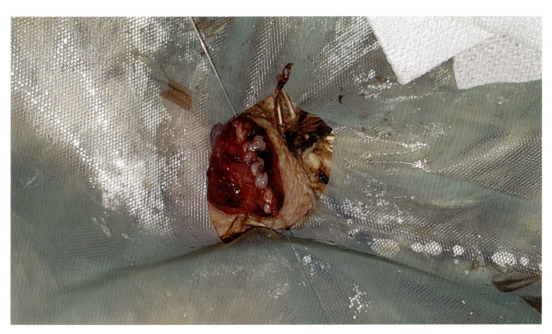

图A9.4 第一层为连续缝合。

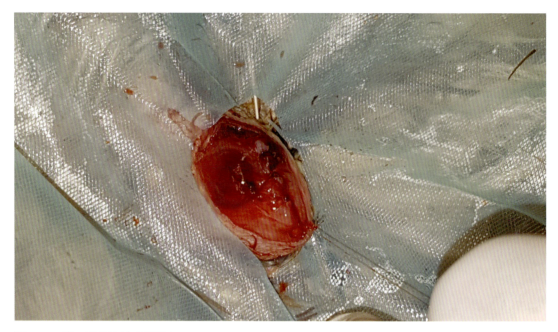

图A9.5 第二层为连续内翻缝合。

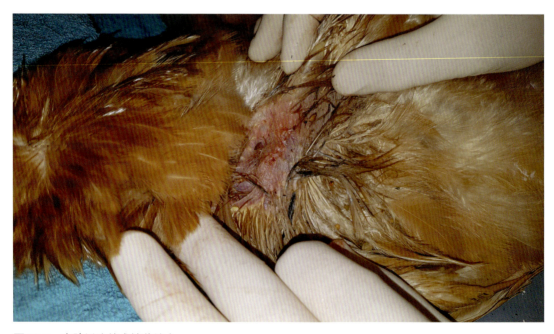

图A9.6 皮肤以连续或结节缝合。

附录10. （可能）有毒的植物列表

以下是已知或怀疑对鸟类有毒的植物清单。鸟类对某些植物的敏感性可能被高估了，在摄入某些植物的部分后，症状会很轻微，甚至没有症状。毫无疑问，这份名单不会包括所有对鸟类有毒的植物，有些对鸟类有害的植物也未被提及。

标有星号（*）的植物被怀疑有较强的毒性。具有多个名称的植物可能在列表中多次出现。

相思子*	*Abrus precatorius*
金合欢属*	*Acacia*
红枫槭	*Acer rubrum*
乌头属*	*Aconitum*
美类叶升麻	*Actaea racemosa*
光叶七叶树	*Aesculus glabra*
欧洲七叶树	*Aesculus hippocastanum*
中国万年青	*Aglaonema Stripes*
海芋属*	*Alocasia*
芦荟	*Aloe Vera*
苋属	*Amaranthus*
孤挺花属*	*Amaryllis*
毒蝇草	*Amianthium*
大阿米芹	*Ammi majus*
马醉木	*Andromeda japonica*
银莲花属	*Anemone*
火烈鸟红掌	*Anthurium andraeanum*
棋盘花属	*Anticlea*
金鱼草	*Antirrhinum majus*
异叶南洋杉	*Araucaria heterophylla*
牛蒡属	*Arctium*
夏威夷小木槿花	*Argyreia nervosa*
三叶天南星	*Arisaema triphyllum*
斑点疆南星	*Arum maculatum*
马利筋属	*Asclepias*
蓬莱松	*Asparagus plumosus*
文竹	*Asparagus setaceus*
黄芪属	*Astragalus*
颠茄	*Atropa belladonna*
映山红属	*Azalea*

雏菊	*Bellis perennis*
凤凰木	*Brachychiton acerifolius*
木曼陀罗属	*Brugmansia*
鸳鸯茉莉	*Brunfelsia latifolia*
球根花卉	*Bulb flowers*
黄杨属*	*Buxus*
鹤望兰*	*Caesalpinia gilliesii*
五彩芋属*	*Caladium*
红千层属	*Callistemon*
金盏花*	*Caltha palustris*
厚萼凌霄	*Campsis radicans*
大麻*	*Cannabis sativa*
美洲南蛇藤	*Celastrus scandens*
菊属	*Chrysanthemum*
瓜叶菊属	*Cineraria*
三叶柑橘	*Citrus trifoliata*
麦角菌*	*Claviceps purpurea*
铁线莲属*	*Clematis*
变叶木	*Codiaeum variegatum*
咖啡属	*Coffea*
秋水仙*	*Colchicum autumnale*
芋属*	*Colocasia*
铁杉*	*Conium maculatum*
山谷百合*	*Convallaria majalis*
三色铁	*Cordyline fruticosa*
朱蕉	*Cordyline terminalis*
绣球小冠花*	*Coronilla varia*
番红花属	*Crocus*
苏铁树	*Cycas revoluta*
樱草属	*Cyclamen*
瑞香属	*Daphne*
曼陀罗*	*Datura stramonium*
榴红田菁	*Sesbania punicea*
德国常春藤	*Delairea odorata*
翠雀属*	*Delphinium*
花叶万年青属*	*Dieffenbachia*
紫色洋地黄*	*Digitalis purpurea*
龙血树	*Dracaena draco*
香龙血树	*Dracaena fragrans*
绿萝*	*Epipremnum Aureum*
木贼属	*Equisetum*
桉属	*Eucalyptus*

卫矛属	*Euonymus*
大戟	*Euphorbia ingens*
银边翠	*Euphorbia marginata*
虎刺梅	*Euphorbia milii*
一品红	*Euphorbia pulcherrima*
大戟属	*Euphorbia*
绿玉树	*Euphorbia tirucalli*
垂叶榕	*Ficus benjamina*
无花果（汁液）	*Ficus carica*
橡胶树	*Ficus elastica*
小叶榕	*Ficus lyrata*
印度小果榕	*Ficus microcarpa*
雪滴花属	*Galanthus*
金钩吻	*Gelsemium sempervirens*
老鹳草属	*Geranium*
银杏	*Ginkgo biloba*
唐菖蒲属	*Gladiolus*
皂荚	*Gleditsia triacanthos*
嘉兰属	*Gloriosa*
美国肥皂荚	*Gymnocladus dioicus*
满天星	*Gypsophila paniculata*
常春藤*	*Hedera helix*
天芥菜属	*Heliotropium*
黑嚏根草	*Helleborus niger*
萱草属	*Hemerocallis*
木槿	*Hibiscus syriacus*
沙棘	*Hippophae rhamnoides*
响盒子	*Hura crepitans*
风信子属*	*Hyacinthus*
绣球花属*	*Hydrangea*
天仙子	*Hyoscyamus niger*
三叶冬青	*Ilex aquifolium*
凤仙花属	*Impatiens*
牵牛花属*	*Ipomoea*
鸢尾属*	*Iris*
豚草	*Jacobaea vulgaris*
麻风树	*Jatropha multifida*
刺柏属*	*Juniperus*
伽蓝菜属*	*Kalanchoe*
宽叶山月桂	*Kalmia latifolia*
红掌	*Laburnum anagyroides*
荷包牡丹	*Lamprocapnos spectabilis*

马缨丹	*Lantana camara*
香豌豆	*Lathyrus odoratus*
夏雪片莲	*Leucojum aestivum*
女贞属*	*Ligustrum*
百合属	*Lilium*
半边莲属*	*Lobelia*
红花半边莲*	*Lobelia cardinalis*
黑麦草*	*Lolium perenne*
金银花属	*Lonicera*
乌羽玉	*Lophophora williamsii*
羽扇豆属	*Lupinus*
番茄（植株）	*Lycopersicon esculentum*
西部澳洲铁*	*Macrozamia riedlei*
苹果（籽）	*Malus domestica*
曼德拉草	*Mandragora officinarum*
苦楝树	*Melia azedarach*
加拿大蝙蝠葛	*Menispermum canadense*
唇萼薄荷	*Mentha pulegium*
紫茉莉	*Mirabilis jalapa*
苦瓜	*Momordica charantia*
龟背竹	*Monstera deliciosa*
肉豆蔻属	*Myristica*
南天竹	*Nandina domestica*
水仙花属*	*Narcissus*
夹竹桃*	*Nerium oleander*
光烟草*	*Nicotiana glauca*
烟草*	*Nicotiana tabacum*
伯利恒之星*	*Ornithogalum umbellatum*
酢酱草属	*Oxalis*
棘豆属*	*Oxytropis*
山药豆	*Pachyrhizus erosus*
芍药属	*Paeonia*
罂粟属	*Papaver*
维吉尼亚爬山虎*	*Parthenocissus quinquefolia*
地锦	*Parthenocissus tricuspidata*
欧防风	*Pastinaca sativa*
牛油果*	*Persea americana*
欧芹属*	*Petroselinum*
山梅花	*Philadelphus coronarius*
喜林芋属*	*Philodendron*
金盏花	*Philodendron Cordatum*
槲寄生	*Phoradendron villosum*

酸浆	*Physalis alkekengi*
美洲商陆*	*Phytolacca americana*
马醉木	*Pieris japonica*
罗汉松	*Podocarpus macrophyllus*
小檗	*Podophyllum peltatum*
天堂鸟*	*Poinciana gilliesii*
黄精属	*Polygonatum*
富民枳	*Poncirus trifoliatia*
报春花属	*Primula*
欧芹属*	*Petroselinum*
杏（植株）	*Prunus armeniaca*
美国桂樱*	*Prunus caroliniana*
李属（植株）*	*Prunus*
李子（植株）	*Prunus domestica*
桃（植株）	*Prunus persica*
欧洲蕨	*Pteridium aquilinum*
火棘属	*Pyracantha*
梨属（植株）	*Pyrus*
栎属*	*Quercus*
菜豆树	*Radermachera sinica*
毛茛属*	*Ranunculus*
波叶大黄*	*Rheum rhabarbarum*
杜鹃花属*	*Rhododendron*
西方杜鹃*	*Rhododendron occidentale*
毒漆藤	*Rhus radicans*
蓖麻*	*Ricinus communis*
刺槐*	*Robinia pseudoacacia*
酸模	*Rumex acetosa*
鼠尾草	*Salvia officinalis*
西洋接骨木（植株）	*Sambucus nigra*
血根草	*Sanguinaria canadensis*
虎尾兰*	*Sansevieria trifasciata*
鹅掌柴属*	*Schefflera*
蟹爪兰	*Schlumbergera truncata*
大理石女王绿萝*	*Scindapsus Epipremnum*
小冠花*	*Securigera varia*
珍珠吊兰	*Senecio rowleyanus*
翅荚决明	*Senna alata*
决明子	*Senna obtusifolia*
榴红田菁	*Sesbania punicea*
袋荚草*	*Sesbania vesicaria*
金杯藤	*Solandra maxima*

卡罗来纳茄	*Solanum carolinense*
番茄（植株）	*Solanum lycopersicum*
茄子（植株）	*Solanum melongena*
茄属*	*Solanum*
珊瑚樱*	*Solanum pseudocapsicum*
马铃薯（植株）*	*Solanum tuberosum*
侧花槐	*Sophora secundiflora*
白鹤芋属*	*Spathiphyllum*
羽铃花	*Stenanthium Featherbells*
极乐鸟*	*Strelitzia Reginae*
杨梅	*Symphoricarpos albus*
臭菘	*Symplocarpus foetidus*
合果芋	*Syngonium podophyllum*
红豆杉属*	*Taxus*
毒蒜花属	*Toxicoscordion*
毒葛	*Toxidendron radicans*
亚洲络石	*Trachelospermum asiaticum*
络石藤	*Trachelospermum jasminoides*
毛束草*	*Trichodesma incanum*
郁金香属	*Tulipa*
猫爪草	*Uncaria tomentosa*
侧金盏花	*Veratrum viride*
马鞭草属	*Verbena*
蚕豆	*Vicia faba*
野豌豆属	*Vicia*
长春花属	*Vinca*
槲寄生	*Viscum album*
紫藤属*	*Wisteria*
丝兰属	*Yucca*
马蹄莲属*	*Zantedeschia*
棋盘花属	*Zigadenus*

*：怀疑有较强毒性

附录11. 鹦鹉热

鹦鹉热是由鹦鹉热嗜衣原体引起的一种传染病。鹦鹉热在鸟与鸟之间传播，但它也是一种人畜共患病，这意味着这种疾病可以从鸟类传染给人类。鸟类和人类患病的症状从轻微到严重不等（包括死亡）。

鸟类的症状包括呼吸窘迫、腹泻、眼鼻分泌物、结膜炎、神经系统异常、体重减轻、羽毛蓬乱、尿酸呈绿色或黄色，甚至死亡。在大多数情况下，鹦鹉热的症状在感染后几周内出现，但潜伏期可能长达2年。

在保定和治疗有鹦鹉热症状的患鸟时，应保持良好的卫生习惯。用干拭子采集的分泌物、粪便和泄殖腔样本可通过聚合酶链反应（PCR）检测出鹦鹉热嗜衣原体。

如怀疑有鹦鹉热，应立即使用多西环素治疗，并将患鸟隔离，以待PCR检测结果。

附录12. 钙代谢紊乱

不均衡的饮食导致钙（低）、磷（高）、维生素D_3（低）摄入不足，以及缺乏足够的UV-B光照射，这些都是宠物鸟钙代谢紊乱的常见原因。产蛋过多和肾功能衰竭也会对钙代谢产生负面影响。

钙代谢紊乱可导致低钙血症、卡蛋（见卡蛋，第82页）、幼鸟骨骼畸形（骨营养不良）和成年鸟骨质疏松症，易导致轻微外伤后的骨折（肢体位置异常：骨折和脱臼，第101页）。

低钙血症的急症症状是由血钙离子浓度降低引起的。非洲灰鹦鹉对低钙血症特别敏感，其他种类的鸟似乎对血钙浓度有更好的调节能力。低钙血症的症状包括全身无力、抽搐、癫痫发作、呼吸窘迫和缺乏对肌肉的控制或协调能力。

X线检查

存在钙代谢紊乱时，在X线上可见骨皮质薄、（病理性）骨折、骨变形、正处于繁殖期的雌鸟无多骨性骨增生（骨髓腔内骨密度增加）及存在薄壳的蛋。

注意：低钙血症可能是急症，没有影像学检查的异常不能排除低钙血症。另一方面，与钙代谢问题同时出现的影像学异常也不能证明低钙血症，尽管它们可能具有提示性。

血液检查

总血钙包括与蛋白质结合的钙、与矿物质结合的钙和离子钙。只有游离和具有活性的离子钙参与体内钙稳态的维持和调节。低钙血症只能通过测量血液中游离的离子钙水平来诊断。离子钙减少提示临床相关的低钙血症。离子钙升高提示临床相关的高钙血症。在大多数情况下，总钙异常不是由钙稳态问题引起的。见观察、体格检查及诊断检查。

管理

短期内，可以服用葡萄糖酸钙和维生素D₃补充剂。对于有低钙血症症状（如虚弱、共济失调、癫痫、瘫痪、震颤、打嗝、呼吸窘迫）的鸟类，最初可以给予葡萄糖酸（硼）钙肌肉注射。此外，当已采血测定（离子）钙浓度时，在等待结果时就应立即开始治疗，因为低钙血症可导致迅速恶化和死亡。

长期而言，应改善饮食和生活条件。饮食中必须含有足够的钙和维生素D₃，并具有良好的钙磷比。在鹦鹉，颗粒饲料占日粮的75%是确保钙摄取充足的实用方法。除了改变饮食外，鸟类还应获得足够的UV-B光照（阳光或人造光源）。在产蛋过多的情况下，改变饲养方式或与饲主的互动方式可能是有益的。激素疗法也可用于减少生殖活动。

附录13. 家中急救箱

- 自黏弹性绷带。
- 胶带（例如医用胶带）。
- 蚊式止血钳。
- 聚维酮碘。
- 生理盐水。
- 硝酸银棒。
- 止血粉。
- 无菌纱布。
- 注射器。
- 鹦鹉奶粉或恢复期营养粉。
- 手套。
- 毛巾。
- 花生酱/橄榄油/色拉油/葵花子油。
- 葡萄糖。
- 口服补液盐。
- 运输笼。
- 附近急诊医院、鸟类专家和有毒物质信息中心的联系方式。

附录14. 额外的"鸟类"医院耗材

- 硝酸银棒。
- 各种尺寸的鸟用脖圈。
- 素食动物的营养粉/肉食动物的液体肉类食品。
- 各种尺寸的嗉囊喂食管（金属质地和软质材料的）。
- "V"形硅胶气管插管，1～5mm。
- 异氟烷/七氟烷麻醉系统，配有各种尺寸的透明麻醉面罩。
- 毛巾。
- 组织胶。
- 小苏打。
- 口服补液盐。
- 医用胶布、胶带。
- 环氧树脂。

附录15．药典

　　这个药典并不是鸟类用药的完整清单。这是本书中提到的作者使用过的药物清单。请参阅詹姆斯W.卡彭特的《异宠药物处方手册（第五版）》，了解鸟类药物的更多信息。

抗生素

- 阿莫西林/克拉维酸125mg/kg PO q12h。
- 阿奇霉素40mg/kg PO q24h。
- 多西环素25mg/kg PO q12h或50mg/kg IM q5~7d（IM引起肌肉损伤和疼痛）。
- 恩诺沙星15~30mg/kg PO，IM q12h（IM引起肌肉损伤和疼痛）。
- 甲硝唑50mg/kg PO q24h或25mg/kg q12h。
- 甲氧苄啶/磺胺嘧啶50mg/kg PO q12h。

抗真菌药

- 两性霉素B 100 mg/kg PO q12h 30d（巨细菌Macrorhabdus ornithogaster）或1mg/kg IT q12h（鸣管/气管曲霉菌病）或1mg/mL雾化15min，q12h（曲霉菌病）。
- 克霉唑10mg/mL雾化30~45min，每24h，使用3d，停止2d，重复（曲霉菌病）。
- 2mg/kg q24h 5d IT（鸣管/气管曲霉菌病）。
- 伊曲康唑10mg/kg PO q24h（非洲灰鹦鹉毒性报告）。
- 制霉菌素300,000 IU/kg PO q12h 7~14d。
- 特比萘芬15mg/kg PO q12h。
- 伏立康唑15mg/kg PO q12h。

驱虫药

- 芬苯达唑10mg/kg PO q24h 3d或25~50mg/kg PO 1次。
- 氟苯达唑1.43mg/kg PO q24h 7d。
- 伊维菌素0.2mg/kg PO，SC，IM。
- 吡喹酮PO 10mg/kg。

抗球虫药物

- 磺胺二甲氧嘧啶20~50mg/kg PO q12h 3~5d。
- 托曲珠利7~15mg/kg PO q24h 3d。

抗鞭毛虫药

- 甲硝唑50mg/kg PO q24h或25mg/kg PO q12h 3~10d。

- 罗硝唑6~10mg/kg PO，q24h，7d。

镇痛药物
- 布托啡诺1~4mg/kg IM q2~4h。
- 加巴喷丁10~30mg/kg q8~12h。
- 利多卡因（不含肾上腺素）1~3mg/kg。
- 美洛昔康0.5~1.5mg/kg PO/IM。
- 曲马多10~30mg/kg q6~12h（对猛禽使用剂量范围的下限）。

止吐药物
- 马洛匹坦1mg/kg SC，q24h IM。
- 甲氧氯普胺0.3~0.5mg/kg IM，IV，PO q8~12h。

抗癫痫药物
- 左乙拉西坦50mg/kg PO q8h。
- 咪达唑仑0.5~1.5mg/kg IV，IM，IN。
- 苯巴比妥1~7mg/kg PO q12h。

心肺复苏术（CPR）药
- 肾上腺素0.5~1mg/kg IM，IV，IO，IT（心脏骤停）。
- 阿托品0.5mg/kg IM，IV，IO（心动过缓）。
- 多沙普仑5~20mg/kg IM，IV，IO（呼吸暂停）。

其他药物
- 活性炭颗粒2000~8000mg/kgPO。
- 葡萄糖酸（硼）钙50~100mg/kg IM/PO。
- CaNaEdetate/依地酸钙钠30~35mg/kg IM q12h 3~5d。
- 地诺前列酮凝胶1mL/kg 泄殖腔给药。
- 蜂蜜软膏每12h外用1次。
- 乳果糖150~650mg/kg PO q8~12h。
- 咪达唑仑0.5~1.5mg/kg IV，IM，IN。
- 青霉胺50~55mg/kg PO q24h 3~6周。
- 沙丁胺醇0.1~0.2mg/kg IM或雾化。
- 硫酸铝混悬液25mg/kg PO q8h。
- 维生素D_3 3300 IU/kg IM。
- 磺胺嘧啶银外用q12~24h。

附录16. 生化参考范围

下表列出了部分鸟类的参考范围。数据改编自《异宠药物处方手册》（第五版，James W. Carpenter）。带有星号（*）的数据改编自文章《后院母鸡的生化参考范围》（Melissa M. Board et al.），Journal of Avian Medicine and Surgery 32（4）：301–306, 2018。

为了节省判读生化结果的时间，一些测量单位列出了美国常用单位和国际单位。

	非洲灰鹦鹉	凤头鹦鹉	金刚鹦鹉	凯克鹦鹉	亚马逊鹦鹉
谷草氨酸氨基转移酶AST (U/L)	109 ~ 305	117 ~ 314	105 ~ 324	193 ~ 399	141 ~ 437
肌酸激酶CK (U/L)	228 ~ 322	106 ~ 305	101 ~ 300	134 ~ 427	125 ~ 345
胆汁酸BA (umol/L)	12.0 ~ 96	34 ~ 112	7.0 ~ 100	12.0 ~ 112	33.0 ~ 154
尿酸UA (mg/dL)	2.7 ~ 8.8	2.9 ~ 11.0	2.9 ~ 10.6	3.4 ~ 12.2	2.1 ~ 8.7
尿酸UA (umol/L)	161 ~ 523	172 ~ 654	172 ~ 630	202 ~ 726	125 ~ 517
尿素氮BUN (mg/dL)	3.0 ~ 5.4	3.0 ~ 5.1	3.0 ~ 5.6		
尿素氮BUN (mmol/L)	1.1 ~ 1.9	1.1 ~ 1.8	1.1 ~ 2.0		
总蛋白TP (g/L)	32 ~ 52	30 ~ 50	26 ~ 50	24 ~ 46	30 ~ 52
白蛋白Alb (g/L)	12.2 ~ 25.2	11.1 ~ 22.8	11.2 ~ 24.3	9.6 ~ 20.4	17.9 ~ 28.1
钙Ca (mg/dL)	7.7 ~ 11.3	8.3 ~ 10.8	8.2 ~ 10.9	7.1 ~ 11.5	8.2 ~ 10.9
钙Ca (mmol/L)	1.9 ~ 2.8	2.1 ~ 2.7	2.0 ~ 2.7	1.8 ~ 2.9	2.0 ~ 2.7
血糖Glu (mg/dL)	206 ~ 275	214 ~ 302	228 ~ 325	167 ~ 366	221 ~ 302
血糖Glu (mmol/L)	11.4 ~ 15.3	11.9 ~ 16.8	12.7 ~ 18.0	9.3 ~ 20.3	12.3 ~ 16.8
钾K (mEq/L)	2.9 ~ 4.6	2.5 ~ 4.5	2.0 ~ 5.0		3.0 ~ 4.5
红细胞压积PCV (%)	45 ~ 53	40 ~ 54	42 ~ 56	47 ~ 55	41 ~ 53
总白细胞WBC ($\times 10^3/\mu$L)	6.0 ~ 13.0	5.0 ~ 13.0	10.0 ~ 20.0	8.0 ~ 15.0	6.0 ~ 17.0

	玄凤鹦鹉	牡丹鹦鹉	虎皮鹦鹉	折衷鹦鹉	鸽子
谷草氨酸氨基转移酶AST (U/L)	160 ~ 383	125 ~ 377	55 ~ 154	148 ~ 378	45 ~ 123
肌酸激酶CK (U/L)	58 ~ 245	58 ~ 337	54 ~ 252	118 ~ 345	110 ~ 480
胆汁酸BA (umol/L)	44 ~ 108	12.0 ~ 90	32 ~ 117	30 ~ 110	22 ~ 60
尿酸UA (mg/dL)	3.5 ~ 11	2.5 ~ 12	3.0 ~ 8.6	2.5 ~ 8.7	2.5 ~ 12.9
尿酸UA (umol/L)	208 ~ 654	149 ~ 714	178 ~ 511	149 ~ 517	149 ~ 767
尿素氮BUN (mg/dL)	2.9 ~ 5	2.8 ~ 5.5	3.0 ~ 5.2	3.5 ~ 5.0	2.4 ~ 4.2
尿素氮BUN (mmol/L)	1.0 ~ 1.8	1.0 ~ 2.0	1.1 ~ 1.9	1.2 ~ 1.8	0.9 ~ 1.5
总蛋白TP (g/L)	24 ~ 48	24 ~ 36	20 ~ 30	30 ~ 50	21 ~ 33
白蛋白Alb (g/L)	7.8	9.8 ~ 16.8	17.5	12.3 ~ 22.6	13 ~ 22
钙Ca (mg/dL)	7.3 ~ 10.7	7.2 ~ 10.6	6.4 ~ 11.2	7.9 ~ 11.4	7.6 ~ 10.4
钙Ca (mmol/L)	1.8 ~ 2.7	1.8 ~ 2.6	1.6 ~ 2.8	2.0 ~ 2.8	1.9 ~ 2.6
血糖Glu (mg/dL)	249 ~ 363	246 ~ 381	254 ~ 399	220 ~ 294	232 ~ 369
血糖Glu (mmol/L)	13.8 ~ 20.2	13.7 ~ 21.1	14.1 ~ 22.1	12.2 ~ 16.3	12.9 ~ 20.5
钾K (mEq/L)	2.4 ~ 4.6	2.1 ~ 4.8	2.2 ~ 3.7	3.5 ~ 4.3	3.9 ~ 4.7
红细胞压积PCV (%)	43 ~ 57	44 ~ 55	44 ~ 58	45 ~ 55	49 ± 3.8
总白细胞WBC ($\times 10^3/\mu L$)	5.0 ~ 11.0	7.0 ~ 16.0	3.0 ~ 10.0	9.0 ~ 15.0	

	鸡	哈里斯鹰	游隼
谷草氨酸氨基转移酶AST (U/L)	118 ~ 298*	95 ~ 210	20 ~ 52
肌酸激酶CK (U/L)	107 ~ 1780*	224 ~ 650	357 ~ 850
胆汁酸BA (umol/L)	<45*		20 ~ 118
尿酸UA (mg/dL)	2.5 ~ 8.1	9 ~ 13.2	4.4 ~ 22
尿酸UA (umol/L)	149 ~ 482	535 ~ 785	262 ~ 1309
尿素氮BUN (mg/dL)			
尿素氮BUN (mmol/L)			
总蛋白TP (g/L)	33 ~ 55	31 ~ 46	25 ~ 40
白蛋白Alb (g/L)	13 ~ 28	14 ~ 17	8.0 ~ 13.0
钙Ca (mg/dL)	13.2 ~ 23.7	8.4 ~ 10.6	8.4 ~ 10.2
钙Ca (mmol/L)	3.3 ~ 5.9	2.1 ~ 2.6	2.1 ~ 2.5
血糖Glu (mg/dL)	227 ~ 300	220 ~ 283	
血糖Glu (mmol/L)	12.6 ~ 16.7	12.2 ~ 15.7	
钾K (mEq/L)	3.0 ~ 7.3	0.8 ~ 2.3	1.6 ~ 3.2
红细胞压积PCV (%)	23 ~ 55	32 ~ 44	37 ~ 53
总白细胞WBC ($\times 10^3/\mu L$)	9.0 ~ 32.0	4.8 ~ 10.0	3.3 ~ 21

附录17. 解剖学

　　图A17.1～**图A17.5**展示了非洲灰鹦鹉的消化道、呼吸道、雌性和雄性泌尿生殖道以及骨骼的示意图。

　　注意：不同物种的解剖结构不同。例如，许多鸟类有盲肠，而一些鸟类（包括猫头鹰和水禽）没有真正的嗉囊。

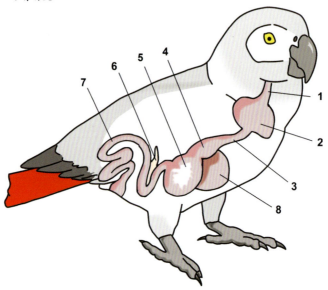

图A17.1　消化道示意图：1. 颈段食道；2. 嗉囊；3. 胸段食道；4. 前胃；5. 肌胃；6. 胰腺；7. 肠道；8. 肝脏。

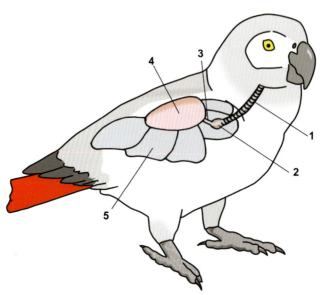

图A17.2　下呼吸道示意图：1. 气管；2. 鸣管；3. 支气管；4. 肺；5. 气囊。

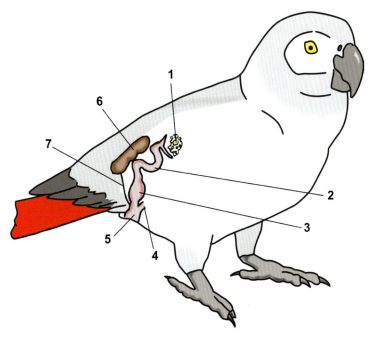

图A17.3 雌性泌尿生殖道示意图：1. 卵巢；2. 输卵管；3. 子宫/壳腺；4. 肠道；5. 泄殖腔；6. 肾脏；7. 输尿管。

图A17.4 雄性泌尿生殖道示意图：1. 睾丸；2. 肾脏；3. 输精管和输尿管；4. 泄殖腔。

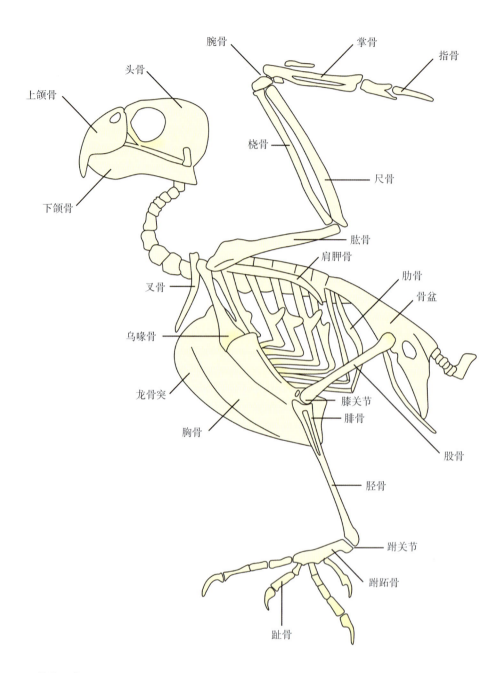

图A17.5 骨骼示意图。